A CIÊNCIA DE

HARRY POTTER

Universo dos Livros Editora Ltda.
Avenida Ordem e Progresso, 157 – 8º andar – Conj. 803
CEP 01141-030 – Barra Funda – São Paulo/SP
Telefone/Fax: (11) 3392-3336
www.universodoslivros.com.br
e-mail: editor@universodoslivros.com.br
Siga-nos no Twitter: @univdoslivros

Mark Brake & Jon Chase

A CIÊNCIA DE

HARRY POTTER

MAGIA, POÇÕES E ENCANTAMENTOS, ENTRE OUTROS SEGREDOS REVELADOS...

São Paulo

2020

Grupo Editorial
UNIVERSO DOS LIVROS

Diretor editorial: **Luis Matos**
Gerente editorial: **Marcia Batista**
Assistentes editoriais: **Letícia Nakamura e Raquel F. Abranches**
Tradução: **Daniela Tolezano**
Preparação: **Monique D'Orazio**
Revisão: **Guilherme Summa**
Capa: **Valdinei Gomes**
Projeto gráfico e diagramação: **Futura Editoração**

Dados Internacionais de Catalogação na Publicação (CIP)
Angélica Ilacqua CRB-8/7057

B799c
Brake, Mark
A ciência de Harry Potter / Mark Brake e Jon Chase ; tradução de Daniela Tolezano. — São Paulo : Universo dos Livros, 2020.
288 p.
ISBN: 978-85-503-0508-0
Título original: The science of Harry Potter
1. Ciência na literatura 2. Potter, Harry (Personagem fictício) - Ciência I. Título II. Chase, Jon III. Tolezano, Daniela
20-1608   CDD 500

Este livro é dedicado às nossas filhas: Frances, Been e Eden

SUMÁRIO

Parte I – Filosofia mágica

Parte II – Trapaças técnicas e parafernália

Parte III – Herbologia, zoologia e poções

Parte IV – Miscelânia mágica

PARTE I
FILOSOFIA MÁGICA

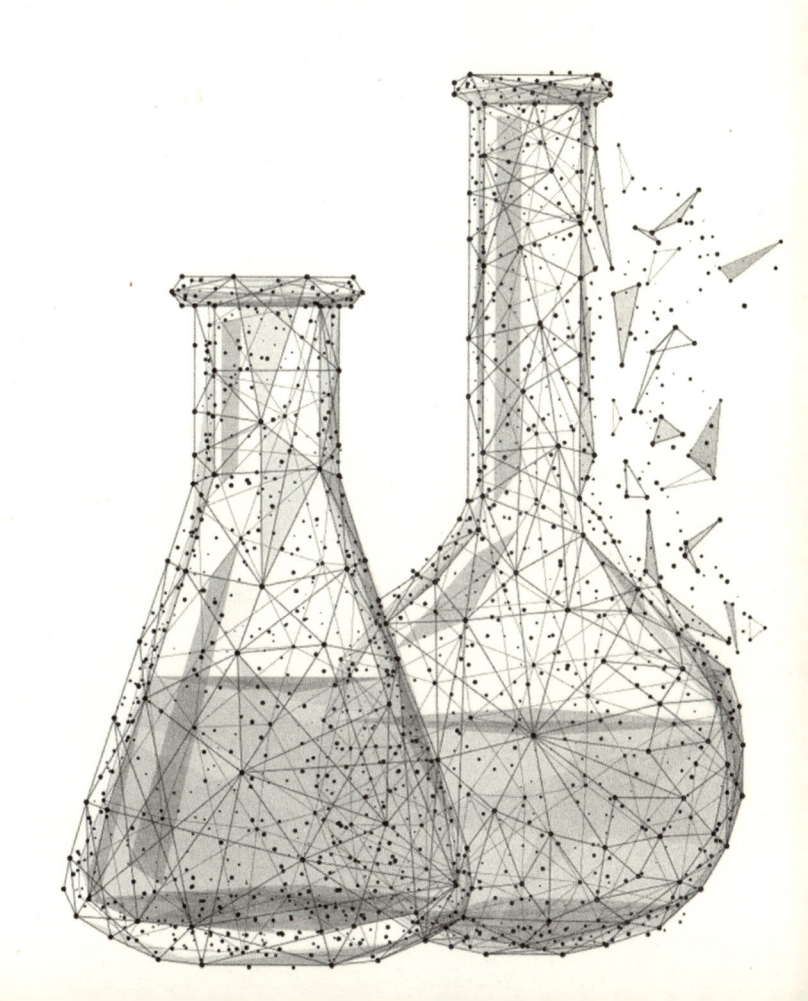

O QUE ESTÁ POR TRÁS DO ESTUDO DA ASTRONOMIA EM HOGWARTS?

A astronomia desempenha um papel dramático, mas sutil, nas histórias da série *Harry Potter*. É tendo como pano de fundo a lua cheia, é claro, que vemos pela primeira vez Remo Lupin, também conhecido como Aluado, se transformar de bruxo mestiço em lobisomem em *O prisioneiro de Azkaban*. É a luz da lua que desencadeia a licantropia de Lupin.

Sabe-se que o teto encantado do salão comunal de Hogwarts dá lugar à astronomia à noite. Um reflexo do céu acima, o teto parece ampliar as nuvens estreladas e as galáxias espiraladas, como se estivesse tentando superar o Hubble.

E a torre de astronomia, a mais alta do castelo, é o cenário de uma das cenas mais dramáticas da série. Sob a escuridão crescente da marca sombria dos Comensais da Morte, espreitando acima da torre, bem lá no alto, Dumbledore encontra seu destino pela maldição da morte, feitiço lançado por Severo Snape. Mas a torre de astronomia é também onde os alunos estudam. À meia-noite, sob a orientação da Professora Aurora Sinistra, eles olham para os planetas e estrelas através de seus telescópios. Então, qual é a utilidade da astronomia para bruxos e bruxas no currículo de Hogwarts?

Luas e planetas

O conhecimento das fases da lua pode ser útil. Como os lobisomens se transformam sob a lua cheia, saber quando as fases ocorrem, não importa em que mundo você esteja, seria útil para um bruxo que deseja evitar licantropos. Quanto aos planetas, eles definem os próprios dias da semana dos bruxos. Em latim, estendem-se de domingo a sábado da seguinte forma: *Solis* (Sol/domingo), *Lunae* (Lua/segunda-feira), *Martis* (Marte/terça-feira), *Mercurii* (Mercúrio/quarta-feira), *Iovis* (Júpiter/quinta-feira), *Veneris* (Vênus/sexta-feira) e *Saturni* (Saturno/sábado). Como você provavelmente pode ver, mesmo em inglês, alguns dos dias planetários têm seus nomes ainda relacionados aos astros: *Sunday* (dia do Sol), *Monday* (dia da Lua) e *Saturday* (dia de Saturno).

Parece que o currículo de Hogwarts também exigia que seus alunos aprendessem e entendessem os movimentos dos planetas. Tal estudo não deixa de ter a peculiar marca registrada do humor britânico. Testemunhe um encontro com o sistema solar exterior no qual a Professora Trelawney, olhando para um mapa, declara a Lilá Brown: "É Urano, minha querida", apenas para ouvir Rony responder: "Posso dar uma olhada também em Urano, Lilá?".[1] E a correção de Hermione do entendimento de Harry da lua de Júpiter, Europa, "... Acho que você deve ter ouvido errado a Professora Sinistra. Europa é coberta de gelo, não de ratos".[2]

Mas muito se pode aprender com a mera menção de detalhes nas histórias. Tomemos, por exemplo, a alusão fugaz na cena de

---

1 A piada não faz sentido em português: "Uranus", em inglês, soa como "your anus", então, era como se Rony estivesse dizendo à colega: "Posso dar uma olhada em *seu ânus* também, Lilá?". (N.T.)

2 Mais uma vez, uma piada que só faz sentido em inglês: a palavra *ice* (gelo) rima com *mice* (rato). (N.T.)

Harry Potter e a Pedra Filosofal, na qual Hermione testa um relutante Rony em astronomia, enquanto Harry puxa um mapa de Júpiter em sua direção e começa a aprender os nomes de suas luas. Em *Harry Potter e a Ordem da Fênix*, todos os três lidam com um difícil ensaio sobre as luas de Júpiter.

Cosmologias que mudaram época

A história da astronomia, assim como a da magia, é longa. E durante grande parte dessa história, o foco foi o movimento dos planetas. Um sistema, o sistema geocêntrico, coloca a Terra no centro do universo antigo. Os planetas se deslocam em órbitas circulares sobre a Terra central. Esse modelo fornece uma boa explicação sobre o comportamento do Sol em sua jornada anual pelo zodíaco e o aparente caminho do Sol no céu. O sistema geocêntrico também fornece uma explicação razoável para o movimento menos regular da Lua. Mas as órbitas circulares simples não chegam nem perto de explicar os movimentos observados dos planetas errantes.

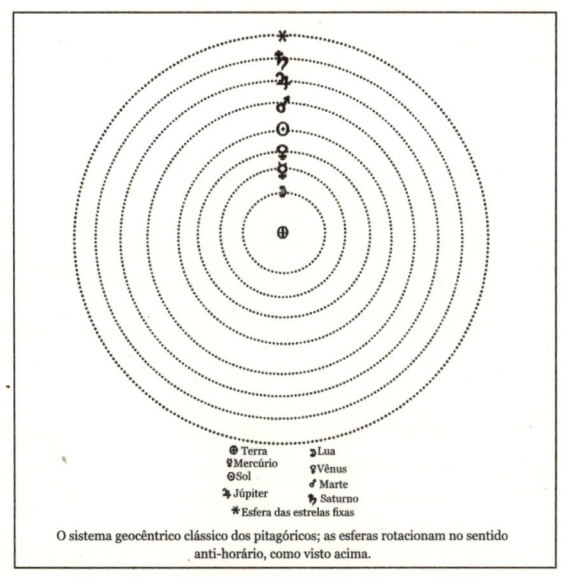

O sistema geocêntrico clássico dos pitagóricos; as esferas rotacionam no sentido anti-horário, como visto acima.

O sistema geocêntrico de Aristóteles e Ptolomeu.

Em oposição ao sistema planetário geocêntrico está a cosmologia heliocêntrica centrada no Sol. Aqui, o Sol e seus planetas relacionados estão dispostos em sua verdadeira ordem celestial. O sistema heliocêntrico também explica a curiosidade do movimento aparente dos planetas. Esse movimento só pode ser entendido quando você sabe que a própria Terra é um planeta em movimento. No sistema geocêntrico, a Terra não é um mero planeta, mas o centro de todo o universo.

O movimento dos planetas foi o ponto crucial para a cosmologia que hoje adotamos. Ambos os sistemas são conhecidos desde a antiguidade, mas os eventos inconstantes do período medieval levaram um desconhecido clérigo polonês, Nicolau Copérnico, a relançar o sistema heliocêntrico em um livro que mudaria a História. O livro de Copérnico, *De Revolutionibus Orbium Coelestium* (*Das revoluções das esferas celestes*), foi publicado em 1543. Seu surgimento significou a eventual derrota do antigo sistema geocêntrico há muito aceito – mas não sem controvérsia.

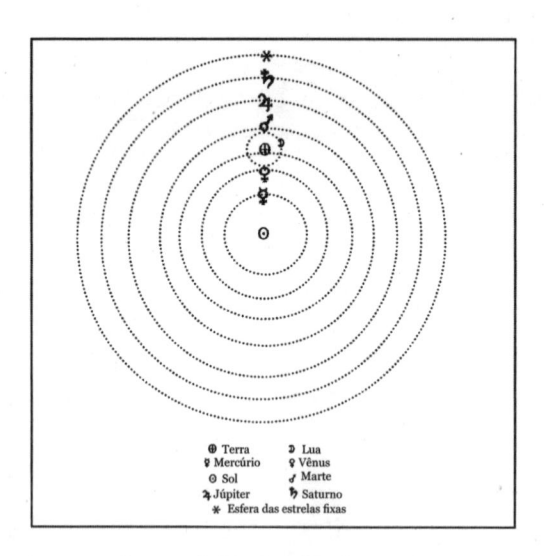

O *sistema heliocêntrico de Copérnico.*

O nascer da escuridão

A igreja medieval havia apoiado o sistema geocêntrico. Ele colocava o homem no meio do caminho, entre a argila inerte do núcleo da Terra e o espírito divino. O homem podia seguir sua natureza básica até o Inferno, no centro da Terra, ou seguir sua alma e espírito, através das esferas celestes até os céus. Dessa forma, o sistema de planetas ficava atado ao drama medieval da vida e morte cristãs.

Mudar a Terra era mover o próprio trono de Deus, que deveria residir além da esfera de estrelas fixas – e, no entanto, mudar a Terra foi exatamente o que Copérnico fez. Seu novo sistema planetário e as teorias que inspirou sobre um novo universo sem limites repleto de planetas perturbaram profundamente a filosofia e a religião ocidentais. O heliocentrismo rebaixou a Terra do centro do universo. Levantou dúvidas sobre artigos da fé cristã, como a doutrina da salvação e a convicção do poder divino sobre todos os assuntos terrenos. Além disso, questionou a natureza da criação e sua relação com o criador. Em resumo, o copernicanismo levantou dúvidas de fundamental importância para a identidade humana, ainda que dos trouxas.

O mundo de cabeça para baixo

Então, veio Galileu. O matemático italiano Galileu Galilei empunhava o telescópio recém-inventado como uma arma de descoberta, e o novo universo foi revelado. Galileu encontrou montanhas e crateras semelhantes às da Terra em uma lua imperfeita. Viu manchas impuras no Sol. Uma infinidade de estrelas, dignas de enfeitar a capa de Dumbledore, que só podiam ser vistas com a ajuda da luneta. Lá se foi a perfeição e imutabilidade dos céus.

A descoberta mais impressionante de Galileu foram as quatro principais luas de Júpiter. Elas eram a prova de um foco de gravitação diferente da Terra. O sistema antigo dizia que apenas a Terra agia como tal centro. Porém, quando Galileu convidou os indivíduos proeminentes da sociedade a espiar as luas através da luneta, nenhum dos ilustres convidados ficou convencido de sua existência. Alguns estavam tão cegos pelo preconceito que até se recusaram a olhar pelo tubo. O tubo óptico de Galileu destruiu o antigo universo.

Essa batalha foi vencida com a descoberta por Galileu desses novos planetas. Isso provocou a Revolução Científica. Marcou a mudança de paradigma do antigo universo para o novo. O aconchegante e antigo cosmos geocêntrico colocava o homem no centro. O novo universo de Copérnico e Galileu era descentralizado, escuro e infinito. É isso que está por trás do estudo das luas de Júpiter no currículo de Hogwarts, e esse ramo da astronomia coloca os bruxos no campo progressivo na batalha das cosmologias.

A NATUREZA, ASSIM COMO A MAGIA, CONJURA ALGO DO NADA?

Existe aquela história dos três irmãos, que conjuraram uma ponte para cruzarem um rio. E o caso do professor que conjurou uma bandeja de chá quando desejou uma rápida xícara da bebida. Ou da jovem que, em diferentes ocasiões, conjurou um bando de canários para lhe fazer companhia e conjurou também um frasco de cristal para guardar a lembrança de outro professor.

A conjuração está para a transfiguração como a cosmologia está para a física – a parte difícil. A transfiguração era o ramo da magia cujo objetivo era alterar a forma ou a aparência de um objeto, modificando, em muitos casos, sua estrutura molecular. Mas a Conjuração era a habilidade de transfigurar um objeto do nada – a partir do próprio éter. Isso tornou a Conjuração um dos feitiços mais complexos ensinados em Hogwarts, geralmente para alunos do sexto ano em diante. E havia limites para o que poderia ser conjurado. De acordo com a *Lei de Transfiguração Elementar de Gamp*, uma lei que governava o mundo da magia, há algumas coisas que simplesmente não podem ser conjuradas do nada, sendo uma delas a comida. Aves e serpentes, por outro lado, são brincadeira de criança. Entre todas as outras criaturas, essas duas são as mais fáceis de conjurar.

No entanto, estalar os dedos ou agitar a varinha pode às vezes provocar sérios problemas. Algumas conjurações podem dar errado. Isso era especialmente verdadeiro ao se conjurar criaturas. Se a Conjuração não for seguida à risca, ou se o lançador do feitiço for simplesmente muito desastrado com suas habilidades, poderão ocorrer erros perigosos como híbridos de coelho e sapo. Aparentemente, essas monstruosidades poderiam ser explicadas pelo princípio da quasidominância artificianimada: uma espécie de superposição elementar da reconstrução celular. Várias cabeças e membros indeterminados seriam outra consequência possível. Mas será que a própria natureza também pode conjurar algo do nada? E por que é que no cosmos existe alguma coisa e não nada?

O início do espaço e do tempo

Vivemos em um cosmos em evolução, e, ao que parece, poucas coisas estão evoluindo mais rápido do que nossa compreensão sobre ele. O universo de nossos ancestrais era pequeno, estático e geocêntrico. Agora, no século XXI, nós nos encontramos à deriva em um universo em expansão tão grande que a luz de seus confins leva mais de duas vezes a idade da Terra para chegar a nossos telescópios.

Hoje, a cosmologia é quase universalmente conduzida dentro dos limites da teoria do *big bang*. E essa teoria sustenta que o cosmos começou com uma "singularidade" – um estado de curvatura infinita do próprio espaço-tempo. Nessa singularidade, todos os tempos e lugares eram um. Então, o *big bang* não aconteceu em um espaço já estabelecido. O espaço estava emaranhado *no big bang*. Isso também vale para o lugar. O *big bang* não aconteceu em um local específico. Aconteceu exatamente onde você está agora e em todos os outros lugares ao mesmo tempo. E, finalmente, o *big bang* não foi uma explosão em um espaço pré-existente. Não da maneira como normalmente pensamos em explosões. As coisas não fizeram um "cabum" no espaço, mas permaneceram onde estavam, à medida que o espaço ao redor se expandia.

Os indícios desse *big bang*, que soa um tanto fantástico, baseiam-se principalmente em três interpretações principais de evidências físicas. Em primeiro lugar, o desvio para o vermelho das galáxias em movimento no espaço-tempo sugere que o cosmos pode estar se expandindo. Retroceda o tempo e a expansão retornará para a singularidade de que falamos anteriormente. Em segundo lugar, acredita-se que, conforme o cosmos se expandia, ele tenha deixado para trás um brilho residual, a radiação cósmica de fundo em micro-ondas, uma radiação remanescente da origem quente do universo. E terceiro, a mistura dos próprios elementos do universo é considerada evidência. À medida que o cosmos esfriava, a mistura de elementos químicos começou a ser criada e evoluiu para dar as proporções observadas hoje. Muito hidrogênio, uma boa quantidade de hélio e quase mais nada – esse tipo de coisa.

Mas o que aconteceu antes do *big bang*? E será que o universo inteiro foi aparentemente conjurado a partir dessa singularidade? Os cosmólogos afirmam que sim.

Como um cosmos pode ter sido simplesmente conjurado

Veja, a maioria das pessoas sensatas sabe que não existem coisas como almoços grátis. Isto é, a maioria das pessoas, exceto os cosmólogos. Muitos dos físicos cujo trabalho é explicar as crescentes complexidades do *big bang* acreditam que o universo surgiu do nada. A natureza, de alguma forma, conjurou o cosmos.

Quando os estudiosos fazem as contas, eles afirmam que o nosso universo começou como uma partícula, que propiciou um tunelamento quântico por meio de uma barreira de energia, aumentando seu raio, inflando-se em um cosmos expansivo. O restante, como dizem, é história. Mas isso não é tudo o que afirmam. Segundo também sugerem os estudiosos, seus modelos matemáticos que sustentam a hipótese do tunelamento não desaparecem, mesmo quando o tamanho inicial do universo é *zero*. Em suma, poderia ocorrer um tunelamento no cosmos que chegasse a um raio que permitisse uma inflação e expansão a partir do *nada, literalmente.*

Aqui, é necessário um esclarecimento sobre o conceito de nada. Por "nada", não queremos dizer o vácuo do espaço vazio. Esse vácuo físico é rico em energia, partículas e antipartículas, que sempre aparecem e desaparecem dentro dele. O vácuo do espaço vazio não é apenas um teatro neutro no qual as coisas acontecem. E Einstein também sustentou que o espaço pode se deformar e se torcer. Portanto, o "nada" do *big bang* era um nada de verdade, um ponto além do qual o espaço-tempo não existia. E, no entanto, o cosmos foi criado.

Estado estacionário e os "mini" big bangs

Nem todo mundo concorda com a teoria do *big bang*. A partir da década de 1940, o físico britânico Sir Fred Hoyle, juntamente com colegas, trabalharam em um modelo alternativo do universo que não iniciava em uma expansão. Mas essa teoria alternativa, conhecida como teoria do estado estacionário ou teoria do campo C, ainda acredita na criação da matéria.

A teoria do estado estacionário sustenta que não ocorreu nenhum *big bang*. Seus defensores achavam que a associação estética do *big bang* com armas termonucleares tornava a teoria feia e bastante abrupta. E também implicava um começo criacionista e místico para o cosmos.

Em sua autobiografia de 1994, Hoyle escreveu sobre o que mais o incomodava na teoria do *big bang*: a inobservância da ideia de que as leis da física são boas para todos os cantos do cosmos, em todo o espaço-tempo. Essa ideia é mantida firme na teoria do estado estacionário, mas não no *big bang*, que sustenta que, no começo dos tempos, a curvatura do espaço era infinita e as leis normais da física foram quebradas. Hoyle chamou isso de "a quebra grosseira das leis físicas que ocorrem na cosmologia do *big bang*".

Mas os defensores da teoria do estado estacionário continuavam achando que o universo poderia se expandir. E a criação da matéria foi a resposta. Sua teoria era de que o universo era infinitamente antigo e, na verdade, não tinha um começo. Como isso poderia ser alcançado? Pela criação contínua de matéria recém-nascida, que compensava a densidade de matéria perdida pela expansão cósmica. Então, em vez de ter toda a matéria criada no início dos tempos, como na teoria do *big bang*, a teoria do estado estacionário simplesmente defende uma criação contínua da matéria: uma série de "mini" *big bang*s, se você preferir.

Por fim, por que no cosmos existe alguma coisa e não nada? Por que o universo, pelo menos no caso da teoria do *big bang*, simplesmente surgiu? Porque as leis da física permitiram. Nas teorias da física quântica, um processo tem uma probabilidade específica de ocorrer. Nenhuma causa é necessária.

QUAL É A VERDADEIRA HISTÓRIA DA BUSCA PELA PEDRA FILOSOFAL?

Era uma pedra avermelhada e lendária, com poderes mágicos. Ajudou a criar o Elixir da Vida, que tornava imortal aquele que o bebesse. E transformava qualquer metal em ouro puro. A Pedra Filosofal tem um lugar especial no universo de *Harry Potter*. Na ficção, foi criada por Nicolau Flamel, que na vida real foi um escriba e vendedor de manuscritos parisiense dos séculos XIV e XV. A primeira batalha de Harry contra Lord Voldemort centrou-se na Pedra durante o ano letivo de 1991-1992. Voldemort tentou roubar a Pedra para seus próprios fins, mas foi derrotado, e seu retorno ao poder, adiado.

Uma vez que a Pedra estava segura, Dumbledore discutiu seu futuro com Flamel. A dupla decidiu destruir a Pedra, com Flamel admitindo que tinha Elixir suficiente para tratar de seus assuntos antes que ele e a esposa pudessem morrer satisfatoriamente, tendo vivido por mais de 600 anos. E, no entanto, cinco anos após a destruição da Pedra, Harry se perguntou se um grande bruxo como Voldemort poderia encontrar outra Pedra. Talvez aquela criada por Flamel não fosse única. Além disso, Voldemort era fácil e magicamente talentoso o suficiente para criar a sua própria. Mas e quanto à verdadeira busca para fazer uma Pedra Filosofal?

O *Magnum Opus*

A alquimia é uma prática antiga e muitas vezes secreta com raízes em todo o mundo. Seu estudo ocupou inúmeras crenças filosóficas, abrangendo milhares de anos e incontáveis culturas diferentes. A perseguição de muitos de seus praticantes fez com que as tradições alquímicas frequentemente adotassem o hábito da linguagem simbólica e enigmática, o que dificulta encontrar ligações entre as várias culturas alquímicas.

Entretanto, três vertentes principais da alquimia podem ser identificadas. A da China e sua esfera de influência cultural; a da Índia e do subcontinente indiano; e a ocidental, que se desenvolveu em todo o Mediterrâneo, e cujo centro mudou ao longo dos milênios do Egito greco-romano, para o mundo islâmico e, finalmente, para a Europa medieval. É possível que as três vertentes compartilhem um ancestral comum e tenham influenciado bastante uma à outra, mas também podem ser vistas muitas variações em suas tradições. A alquimia ocidental desenvolveu seu próprio sistema filosófico, que compartilha alguma simbiose com várias religiões ocidentais.

Menções à Pedra em si podem ser encontradas por escrito desde o início do século IV d.C. O alquimista grego e místico gnóstico Zósimo de Panópolis escreveu um dos mais antigos livros sobre alquimia, chamado *Cheirokmeta*, palavra grega para "coisas feitas à mão".

Existem várias receitas para a Pedra, refletindo as diferentes culturas de onde vieram. De um modo geral, a receita para a criação da Pedra seguiu um método alquímico conhecido como *Magnum Opus*, ou A Grande Obra. Dependendo da cultura, o *Opus* descreve o trabalho de criação da Pedra, que passa por uma sequência de mudanças de cor: *nigredo* (um enegrecimento), *albedo* (um clareamento), *citrinitas* (um amarelecimento) e *rubedo* (um aver-melhamento). A origem da sequência pode ser atribuída a Zósimo e mais além. O *Opus* tinha uma variedade de emblemas alquímicos ligados a ele – aves como o corvo, o cisne e a fênix foram usadas para simbolizar a progressão da sequência através das cores. Na prática, o alquimista veria as cores no laboratório. Por exemplo, o *nigredo* poderia ser observado como a escuridão da matéria em decomposição, queimada ou fermentada.

Metais básicos em ouro

Assim, por muitos séculos, a Pedra Filosofal foi o objeto mais cobiçado em toda a alquimia. A Pedra tinha uma longa história. O antigo atomista grego Empédocles foi o criador da teoria cosmogênica dos quatro elementos clássicos: terra, ar, fogo e água. Para Empédocles, esses elementos básicos se tornaram o mundo dos fenômenos, cheios de contrastes e oposições.

Por meio de experimentos, ele mostrou que o ar invisível também era uma substância material e propôs a ordem dos elementos antigos como terra, água, ar e fogo. Cada elemento pertencia a uma hierarquia, tendendo, se perturbado, a retornar ao seu lugar na ordem natural das coisas. Empédocles também sustentou que propriedades opostas, como o amor e o ódio, eram tendências materiais que mecanicamente se misturavam e se dividiam em um processo contínuo. Essas ideias têm uma semelhança com o dualismo Yin e Yang da China antiga. Embora provavelmente tenha uma origem independente, o dualismo chinês também sustentava que dois princípios, como fogo e água, masculino e feminino, se moldam para formar outros elementos. Em chinês, eram metal, madeira, terra e, através de uma fusão adicional, as "dez mil coisas" do mundo material.

Nessa cosmogonia, Empédocles criou uma teoria de tudo. Sua visão de mundo descreve a separação de elementos, a formação do oceano e da terra, da Lua e do Sol e da atmosfera. Ele ainda explica a biogênese de plantas e animais e a fisiologia dos seres humanos.

Essa filosofia elementar também foi a doutrina dos alquimistas. O próprio ouro, juntamente com os metais básicos, como mercúrio e chumbo, consistia nos elementos de fogo, ar, água e terra. Então, se você alterasse as proporções desses elementos constituintes, os metais básicos poderiam ser transformados em ouro. O ouro era superior aos outros metais, pois acreditava-se que sua natureza continha um equilíbrio perfeito entre os quatro elementos.

Por que ouro?

Mas por que ouro? Hoje existem 86 metais conhecidos. Mas, nos tempos antigos, havia apenas sete: ouro, prata, cobre, ferro, chumbo, estanho e mercúrio. Nós os conhecemos agora como os Metais da Antiguidade, e eles teriam sido familiares aos povos antigos da Mesopotâmia, Egito, Grécia e Roma. Desses sete metais, o ouro foi o que cativou a imaginação humana e continuou a fazê-lo por milhares de anos.

O ouro não perde o brilho. Ele preserva sua cor. E não se desintegra. O ouro parecia indestrutível para as culturas antigas. E, no entanto, também pode ser facilmente trabalhado. Uma única onça de ouro pode ser transformada em uma fina folha de metal dourado de 90 metros quadrados.

Até o ano de 1850, quase 10 mil toneladas de ouro haviam sido extraídas em toda a história da humanidade. Um urso polar pesa cerca de uma tonelada, portanto, é o mesmo peso em ouro de 10 mil ursos polares. Pode parecer muito, mas estamos falando de toda a história da humanidade. Dito de outra forma: uma baleia azul pesa cerca de 100 toneladas, assim, a quantidade de ouro extraído em toda a História equivale a 100 baleias azuis. Dá para você ver por que alguém pode querer colocar as mãos em cada vez mais.

Um alquimista em ação

Um bom exemplo de um alquimista em ação é o famoso físico britânico Isaac Newton. Na Europa dos séculos XVI e XVII, muitos foram aos tribunais alegando possuir o segredo da Pedra Filosofal. Assim, em todo o continente, os alquimistas eram empregados por príncipes e nobres na busca pelo ouro alquímico. Para o alquimista, essa situação era extremamente lucrativa. Era possível arrancar quantias substanciais de dinheiro de um duque ou um príncipe durante essas buscas.

Mas os alquimistas não buscavam a Pedra simplesmente por ganância. O ouro simbolizava o estado mais elevado da matéria. Personificava a renovação e a regeneração humanas. Uma pessoa "dourada" era resplandecente com a beleza espiritual, e sempre triunfaria sobre o poder do mal latente e à espreita. O metal mais básico, o chumbo, representava a pessoa pecaminosa e impenitente, que era facilmente dominada pelas forças das trevas.

Como outros alquimistas, Newton procurou receitas em documentos antigos. Uma dessas, que Newton chamou de "A Rede", foi encontrada nos escritos de Ovídio, poeta do período do imperador romano Augusto. Em seu poema *Metamorfoses*, Ovídio conta a história do deus Vulcano, que encontra sua esposa Vênus na cama com o deus Marte. Segundo o mito, Vulcano fez uma fina rede metálica, capturou os amantes dentro dela e os pendurou no teto para que todos vissem.

Já na alquimia, Vênus, Marte e Vulcano representam cobre, ferro e fogo. Então, para alguém como Newton, o mito se torna uma receita alquímica. E Newton realmente conseguiu sintetizar uma liga roxa, conhecida como "a Rede", que se acreditava ser um passo em direção à Pedra Filosofal.

Ao recriar essas receitas, os estudiosos modernos descobriram que a alquimia de Newton incluía elementos-chave da ciência moderna – experimentos que podiam ser repetidos e confirmados. E outros membros da Real Sociedade também eram alquimistas. De muitas maneiras, a alquimia era uma prática secreta de investigar o mundo natural.

O SONHO DA ALQUIMIA: ONDE OS METAIS BÁSICOS REALMENTE SE TORNAM OURO?

No universo de *Harry Potter*, a alquimia é um ramo da magia. É uma ciência antiga que lida com o estudo dos quatro elementos clássicos: terra, ar, fogo e água. A alquimia mágica também se ocupa da transmutação de substâncias. Então, está relacionada à química, à criação de poções e à magia da transformação. Remontando à antiguidade, a alquimia se funde com a filosofia e mistura-se com especulações metafísicas e místicas. Mesmo no século XX, ainda havia alguns membros da classe bruxa que estudavam ativamente a alquimia mágica. E, se houvesse demanda suficiente, a alquimia era ensinada em Hogwarts, para os alunos do sexto e sétimo anos que optassem por ela.

A alquimia mágica faz sua presença ser sentida de maneiras sutis no universo de *Harry Potter*. Os antigos textos alquímicos costumam mencionar as cores químicas do vermelho e do branco. Alguns estudiosos acreditam que, como os metais básicos de prata e ouro, o vermelho e o branco representavam dois aspectos diferentes da natureza humana. E as cores foram a motivação para os nomes próprios de Rúbeo (vermelho) Hagrid e Alvo (branco) Dumbledore. Em nosso próprio universo, o estudo da alquimia percorreu um caminho paralelo ao seu correspondente mágico.

Os objetivos da alquimia eram a criação de um elixir da imortalidade; a síntese de um alkahest, ou solvente universal, e a crisopeia – a transformação de metais básicos em metais nobres, principalmente o ouro. Não há dúvida de que a alquimia, praticada em toda a Europa, Egito e Ásia, desempenhou um papel importante na criação da ciência moderna em seus primórdios, especialmente na medicina e na química.

Mas talvez o que não é tão conhecido seja o fato de os cientistas contemporâneos terem realizado o sonho da crisopeia. Pois, em algum lugar do inacreditavelmente enorme cosmos, elementos de metais básicos *estão* sendo lentamente transformados em ouro.

A origem dos elementos clássicos

Vejamos a história dos elementos. Os gregos antigos, entre outros, acreditavam que a Terra era composta dos quatro elementos: terra, ar, fogo e água. Aristóteles acreditava em um cosmo divino, mas essencialmente inerte e adormecido. Ele imaginou um universo geocêntrico de duas camadas. A Terra, mutável e corruptível, estava no centro. A esfera sublunar, essencialmente da Lua para a Terra, estava sujeita às transmutações dos quatro elementos. Somente esta esfera estava sujeita aos horrores da mudança, morte e decomposição.

Além da Lua, na esfera supralunar, os quatro elementos terrestres que catalisam a mudança desaparecem. O restante do cosmos, um sistema aninhado de esferas celestes cristalinas, da esfera sublunar à esfera das estrelas fixas, é formada por um tecido diferente – a quintessência, o quinto elemento. Pura e imutável, a quintessência se manifesta perfeitamente na forma dos orbes concêntricos de cristal em torno da Terra central. E quanto mais longe voamos além da Lua, mais pura a quintessência se torna, até encontrar sua forma mais pura na esfera do Deus de Aristóteles, o Primeiro Motor.

Mas as primeiras experiências de Galileu com o telescópio fizeram o cosmo de Aristóteles cair por terra, pois Galileu começou a demonstrar que o Céu e a Terra eram feitos das mesmas coisas. A Lua era cheia de crateras e escarpas; as manchas do Sol pareciam uma impureza na quintessência, e começou a brotar nas mentes dos estudiosos medievais a ideia de que a matéria era universal e mutável. Nas palavras de Galileu,

> Que tolice maior se pode imaginar do que chamar pedras preciosas, prata e ouro de nobres, e a terra de básico? [...] Esses homens que tanto exaltam a incorruptibilidade, a inalterabilidade e assim por diante [...] merecem se deparar com uma cabeça de Medusa que os transformaria em estátuas de diamante e jade, para que se tornem mais perfeitos do que são [...]. É minha opinião que a Terra é muito nobre e admirável por causa das muitas e diferentes alterações, mutações e criações que ocorrem incessantemente nela.

A origem dos elementos químicos

Avance quatrocentos anos. No fim do século XIX, a ideia da Tabela Periódica dos elementos químicos começou a tomar forma. Então, quando surgiu a crença do século XX sobre o princípio e a evolução do universo – a chamada teoria do *big bang* –, ela teve que levar em consideração tudo o que havia no cosmos. E isso incluía a origem e o desenvolvimento dos elementos químicos.

Logo no início, os defensores da cosmologia do *big bang* perceberam que o universo é evolutivo. Nas palavras de um famoso cosmólogo, George Gamov, "Concluímos que as abundâncias relativas de espécies atômicas representam o documento arqueológico mais antigo da história do universo". Em outras palavras, a tabela periódica é evidência da evolução da matéria, e átomos podem atestar a história do cosmos.

Mas as primeiras versões da cosmologia do *big bang* sustentavam que todos os elementos do universo tinham sido fundidos de uma só vez. Como diz Gamov: "Essas abundâncias...", significando a proporção dos elementos (porções de hidrogênio, quase nenhum ouro – esse tipo de coisa), "... devem ter sido constituídas durante os primeiros estágios de expansão, quando a temperatura da matéria primordial ainda era suficientemente alta para permitir que transformações nucleares percorressem toda a gama de elementos químicos". Era uma ideia interessante, mas muito errada. Somente o hidrogênio, o hélio e uma pitada de lítio poderiam ter se formado no *big bang*. Todos os elementos mais pesados do que o lítio foram produzidos muito mais tarde, fundindo-se em estrelas em evolução e em explosão.

Como sabemos disso? Porque, ao mesmo tempo em que alguns estudiosos trabalhavam na teoria do *big bang*, outros tentavam se livrar completamente dela. Sua associação com dispositivos termonucleares fez com que essa teoria parecesse precipitada, e suas misteriosas origens implícitas contaminaram-na com o criacionismo. E assim, um campo de cosmólogos concorrente desenvolveu uma teoria alternativa: o estado estacionário.

O estado estacionário sustentava que o universo sempre existiu. E sempre existirá. A matéria é criada a partir do vácuo do próprio espaço. Os teóricos do estado estacionário, trabalhando contra o *big bang* e suas falhas, eram obrigados a se perguntar em que lugar do cosmos os elementos químicos poderiam ter sido preparados, se não nos primeiros minutos do universo. A resposta deles: nos fornos das próprias estrelas. Eles descobriram uma série de reações em cadeia nuclear nas estrelas. Primeiro, descobriram como a fusão tornara os elementos mais pesados do que o carbono. Em seguida, detalharam oito reações de fusão através das quais as estrelas convertem elementos leves em pesados, para serem reciclados no espaço através de ventos estelares e supernovas.

E assim, é no interior das estrelas que o sonho do alquimista se torna realidade. Cada grama de ouro começou bilhões de anos atrás, forjado dentro de uma estrela na explosão da supernova. As partículas de ouro perdidas no espaço pela explosão se misturaram com pedras e poeira para formar parte da Terra primitiva. Elas estão à nossa espera desde então.

MERLIN: COMO A LENDA SE COMPARA AO CÂNONE?

O mago mais famoso de toda a história – é assim que Merlin é descrito no universo de *Harry Potter*. E, como muitas pessoas lendárias, sua fama fez com que seu nome se tornasse parte do léxico cotidiano da classe bruxa, como a frase "Pelas barbas de Merlin!", e, a menos comum, "Pelas ceroulas de Merlin!".

O cânone faz Merlin frequentar Hogwarts. Também conhecido como o Príncipe dos Feiticeiros, Merlin teria frequentado a Escola de Magia e Bruxaria em algum momento da era medieval. A omissão de datas é sábia, pois a lenda também é convenientemente vaga sobre um dos mitos mais poderosos do mundo anglófono. Rumores do cânone contam que sua varinha era feita de carvalho inglês antigo, embora seu local de repouso nunca tenha sido encontrado e, portanto, a verdade disso nunca tenha sido desvendada.

Merlin foi sorteado para a Casa Sonserina. De fato, conta-se inclusive que Merlin foi ensinado pelo próprio Salazar Sonserina, um dos quatro fundadores de Hogwarts. Notoriamente, a desconfiança de Salazar Sonserina por estudantes nascidos trouxas o levou a deixar a escola sob uma nuvem negra de discórdia. O Merlin de *Harry Potter* acreditava exatamente no contrário. Ele achava que os bruxos deveriam ajudar os trouxas e existir pacificamente ao lado deles, espelhando a representação de Merlin na maravilhosa obra de T. H. White, *O único e eterno rei*, na qual o mago declara: "O Destino do Homem é unir, não dividir. Se você insistir na divisão, acabará como um monte de macacos jogando nozes uns nos outros de árvores diferentes".

Tais crenças levaram à Ordem de Merlin. Originalmente criada como uma guarda contra o uso de magia em trouxas, a Ordem mais tarde se transformou em um prêmio, concedido a bruxas e bruxos, por realizar grandes atos sob risco pessoal e pelo aprimoramento da classe bruxa. Essa mudança na ênfase do uso da Ordem talvez seja um sinal do afastamento do mundo trouxa do mundo bruxo. Mas quem foi Merlin?

Magos da ciência medieval

Vamos primeiro contextualizar a lenda de Merlin. Por mil anos, desde a Queda do Império Romano do Ocidente até a Era dos Descobrimentos, muito pouca coisa aconteceu no que se refere à ciência. As únicas pesquisas conduzidas foram realizadas por clérigos – padres, monges e frades – para fins religiosos. E isso contrasta com as condições da ciência islâmica da época, na qual poucos estudiosos tinham inclinações religiosas e quase todos os experimentos tinham fins utilitários.

Como resultado disso, a ciência ficou estagnada. A ascensão do cristianismo no Ocidente levou a vida intelectual, a partir do século IV, a ser expressa através do pensamento cristão. O aprendizado se restringia aos clérigos e, durante o início da Idade Média, a história do pensamento nas terras do Império Romano em desaparecimento era a história do dogma cristão. Os pais da Igreja haviam se lançado em sua missão impossível de integrar os elementos mais inócuos da sabedoria antiga dos gregos no cristianismo. Grande parte da antiga filosofia já havia entrado, furtivamente, mas o Antigo Testamento e a cultura clássica não se davam bem. E enquanto os seguidores de Platão tentavam impor alguns aspectos mais seguros da filosofia, a controvérsia era inevitável.

Nascia a heresia. A partir dos séculos IV e V, grandes discussões e heresias se disseminaram, particularmente sobre as ideias platônicas da natureza da alma e sua relação com corpos corruptíveis. De fato, mesmo a discussão sobre a natureza da própria Deidade foi decidida, como parte da grande heresia ariana no Concílio de Niceia em 325 d.C.

Por volta do século V, o caso estava encerrado. Eles haviam chegado a um acordo entre a filosofia e a fé, e a ciência entrou em crise. Desse período até o Renascimento, sempre que surgia o questionamento sobre o que as pessoas deveriam acreditar em relação à religião, diziam-lhes que não era necessário investigar a natureza das coisas, como havia sido feito por aqueles a quem os gregos chamam de *physici*. Os devotos também não deveriam se preocupar por não saberem sobre a força e o número de elementos, seu movimento e ordem; eclipses dos corpos celestes; a forma dos céus; as espécies e as naturezas de animais, plantas, pedras, fontes, rios, montanhas. A cronologia e as distâncias não lhes dizia respeito ou os sinais de tempestades que se aproximavam. E isso também foi dito sobre milhares de outras coisas que os filósofos ou tinham descoberto ou pensaram ter descoberto.

Era o suficiente para o cristão comum simplesmente obedecer bovinamente. Tudo o que precisavam fazer era acreditar que a única causa de todas as coisas criadas, celestiais ou terrenas, visíveis ou invisíveis, era a bondade do Criador, o único Deus verdadeiro, e que nada existe senão Ele que não deriva sua existência Dele. Isso que é embotar a ponta afiada da curiosidade e do intelecto.

E, no entanto, havia homens da Idade Média que poderíamos chamar de filósofos. E Merlin certamente parece que se encaixaria facilmente nessa descrição. Estudiosos como Roger Bacon (aproximadamente 1235-1315) procuraram entender as coisas deste mundo, através da experiência e da razão. Alguns outros filósofos da época se tornaram atores proeminentes na sociedade medieval: Gerbert (aproximadamente 930-1003), um dos primeiros cientistas do Ocidente, tornou-se papa; Robert Grosseteste (aproximadamente 1168-1253), um filósofo muito talentoso, tornou-se chanceler da Universidade de Oxford; e um dos pensadores mais ousados do fim da Idade Média, Nicolau de Cusa (aproximadamente 1401-1464) tornou-se bispo de Brixen. Qualquer envolvimento com a ciência que esses filósofos tiveram foi em seu tempo livre.

As exceções à regra são Roger Bacon e o misterioso Pedro, o Peregrino, o erudito que mais parece Merlin. Roger Bacon gastou uma fortuna considerável em suas pesquisas científicas. Apesar da bênção do papa, Bacon ainda assim foi jogado na prisão em troca de seus esforços. Pedro, o Peregrino, foi pioneiro no estudo empírico do magnetismo e, de acordo com seu grande admirador Roger Bacon: "Ele não se importa com discursos e batalhas de palavras, mas busca obras da sabedoria e encontra paz nelas".

Bacon previu navios movidos a motor, carros e aviões. Também anteviu uma ciência alquímica, "que ensina como descobrir coisas com o poder de prolongar a vida humana". E, no entanto, um homem tão talentoso como Roger Bacon elogiou ainda mais Pedro, o Peregrino:

> Ele conhece as ciências naturais por experimento, e medicamentos e alquimia e todas as coisas nos céus ou abaixo deles, e ficaria envergonhado se algum leigo, velha, rústico ou soldado soubesse alguma coisa sobre o solo de que ele não soubesse.

Por isso é versado em fundição de metais e o trabalho de ouro, prata e outros metais e todos os minerais; sabe tudo sobre soldados, armas e caça; estudou agricultura e agrimensura e cultivo; considerou ainda os mitos de magia e adivinhação e os feitiços dos magos e os truques e ilusões dos ilusionistas. Mas, como a honra e a recompensa o atrapalhariam na grandiosidade de seu trabalho experimental, ele as desprezava.

A fonte dos magos

"Magos" medievais como Bacon, Peregrino e Merlin pertenciam a uma longa linhagem de filósofos eminentes. Pouco se sabe sobre os primeiros deles. Mas parece que grupos de sábios, durante a Idade do Ferro, estabeleceram ordens religiosas que também eram escolas filosóficas. Aqueles que floresceram aconselharam governantes democráticos ou tiranos (na época, a palavra tirano não possuía censura ética), dando conselhos sobre uma série de políticas e tópicos. Na verdade, recebia créditos um regime que tivesse um eminente filósofo a tiracolo.

Assim, a ascensão das civilizações da Idade do Ferro criou um novo tipo social na forma desses filósofos. O fato de que o conhecimento desses primeiros pensadores sobreviveu, de que Rafael pintou uma obra-prima em sua homenagem e de que as lendas sobre suas vidas perduraram, mostra quão significativo eles devem ter sido no mundo antigo.

A ascensão irrefreável do filósofo foi um fenômeno global. O impacto da Idade do Ferro foi sentido fortemente em muitas partes do mundo desenvolvido. Na China antiga, Confúcio e Lao-tsé atuavam como conselheiros políticos ou técnicos. Nos primórdios da Índia, viviam os rishis e os budas, sendo Siddhārtha Gautama, o Buda, o mais respeitado. E na Palestina antiga, os profetas e os autores subsequentes da literatura da Sabedoria, como Eclesiastes e o Livro de Jó, estavam vivos e escrevendo. Muitos desses pensadores e trabalhadores conviveram com príncipes e tentaram em vão reformar seus governos. Mas o ponto importante é este: todos eles compartilhavam o interesse de formular uma visão de mundo do homem e da natureza.

Em algumas obras da lenda, Merlin serve como conselheiro do rei. Como diz o poeta inglês Alfred Tennyson sobre o mago em seu poema de 1859, *Merlin e Vivien*: "[...] o homem mais famoso de todos os tempos, Merlin, que conhecia a gama de todas as suas artes, havia construído para o rei seus paraísos, navios e salões, também era bardo e conhecia os céus estrelados". E a fonte original do mito de Merlin, Geoffrey de Monmouth, disse em seu *Vita Merlini* de 1152: "Eu conhecia os segredos das coisas e o voo dos pássaros e o movimento errante das estrelas e o deslizar dos peixes [...]. Tudo isso me atormentou e me negou um descanso natural à minha mente humana".

Merlin, o mago

O Merlin na lenda é mais conhecido como o mago nos mitos arturianos e na poesia medieval galesa. O primeiro relato histórico da lenda de Merlin deriva da obra de Geoffrey de Monmouth, *História dos Reis da Bretanha*, escrita por volta do ano de 1136. O trabalho de Geoffrey foi baseado em uma amálgama inventiva de figuras históricas e lendárias de tempos passados. Ele fundiu as histórias que já existiam de Myrddin Wyllt (Merlinus Caledonensis), um filósofo britônico do norte e mais tarde ermitão, sem nenhuma ligação com o rei Artur, com histórias sobre o guerreiro e cativante líder romano-britânico Ambrósio Aureliano. Ao fazê-lo,

Geoffrey criou a figura combinada que chamou de Merlin Ambrosius ou, em galês, Myrddin Emrys. Merlin supostamente está enterrado na floresta de Broceliande, na Bretanha.

As histórias de Geoffrey sobre o mago ficaram instantaneamente populares, especialmente no País de Gales. Depois de Geoffrey, escritores posteriores embelezaram seus relatos para evocar uma imagem mais completa do mago. A biografia de Merlin o retrata como um cambion: um sangue ruim, nascido de uma mulher mortal, mas gerado por um íncubo, um não humano de quem Merlin herda seus poderes e habilidades sobrenaturais. O nome da mãe de Merlin nem sempre é dado, mas se diz que é Adhan, na versão mais antiga do *A prosa Brut e outras crônicas medievais*. Em relatos arturianos posteriores e criativos, Merlin evolui para um sábio influente e arquiteta o nascimento de Artur por meio da magia e da intriga. Os autores posteriores ainda colocam Merlin na tradição de que falamos anteriormente – servindo como conselheiro do rei. Até que, é claro, ele é enfeitiçado e aprisionado pela Dama do Lago.

O próprio nome "Merlin" é derivado do galês *Myrddin*, o nome do bardo Myrddin Wyllt, uma das principais fontes para a figura lendária posterior. Do mesmo modo que muito é latinizado nos livros de *Harry Potter*, Geoffrey de Monmouth latinizou Merlin para Merlinus em suas obras. Mas a frase "Clas Myrddin", ou "Merlin's Enclosure", é considerado um nome antigo da própria Grã-Bretanha, conforme afirmado na Terceira Série das Tríades Galesas. De fato, alguns celticistas acreditam que existe uma cidade chamada Merlin, e que o nome galês Myrddin foi derivado do topônimo Caerfyrddin, o nome galês da cidade conhecida em inglês como Carmarthen.

Os mitos de Merlin são tão fortes na cultura britânica que supõe-se que Merlin tenha criado Stonehenge. O relato de Geoffrey de Monmouth sobre a vida de Merlin Ambrosius na *História dos*

Reis da Bretanha é baseado na história de Ambrósio na *História dos Bretões*. Geoffrey é responsável por muitas das profecias de Merlin, extraídas de seu trabalho anterior *Prophetiae Merlini*. E a mais notável delas é a criação por Merlin de Stonehenge como um mausoléu para Ambrósio Aureliano.

Então, como colocamos a lenda de Merlin em contexto, considerando o que dissemos? Falamos sobre como o cristianismo eclipsou a ciência na Europa por mais de mil anos. A lenda de Merlin deve vir do início daquele vasto período de idade das trevas para a ciência no Ocidente. E quando o cristianismo prevaleceu, o paganismo celta e a proximidade com a natureza migraram para a mitologia. Água e ilhas mantiveram sua magia. Velhos sábios como Merlin conheciam a magia ancestral, os caminhos do homem e da natureza, o caleidoscópio de possibilidades que agora estava confinado, ofuscado pelo dogma da Igreja. A lenda de Merlin evocou os antigos sofistas da Idade do Ferro, sua reputação repousa lado a lado com a de Pedro, o Peregrino, e lançou luz a um futuro promissor em uma era sombria de fé.

QUEM REALMENTE FOI O ÚLTIMO GRANDE BRUXO?

Q uem foi o último grande bruxo? O Professor Alvo Dumbledore, talvez? Famoso pela descoberta dos doze usos do sangue de dragão e por seu trabalho em alquimia. Ou talvez, caso esteja mais inclinado para o lado sombrio e dos Comensais da Morte, você prefira Tom Marvolo Riddle, mais tarde conhecido como Lord Voldemort? O mais poderoso dos bruxos das trevas, Riddle alegou ter extrapolado os limites das forças mágicas para mais além do que nunca.

De fato, o último grande mago, e muitas vezes sombrio, foi Isaac Newton. O trabalho de Newton tinha beleza, simplicidade e elegância. Considera-se que ele tenha produzido a maior obra científica já criada. Newton foi o filósofo natural britânico do século XVII que descobriu as leis da física que governam o cosmos. Ele criou novos ramos da matemática, dominou a composição da luz e deduziu as leis da gravidade e do movimento, que regem todo o universo. Newton inaugurou uma era, a Era Newtoniana, baseada na noção de que todas as coisas no cosmos estavam abertas à compreensão racional.

Mas, em 1936, um vasto arquivo de manuscritos particulares de Newton foi colocado em leilão na Sotheby's, famosa casa de leilões, em Londres. Os documentos permaneceram ocultos por mais de dois séculos. Cem lotes dos manuscritos foram arrematados pelo famoso economista britânico John Maynard Keynes, que descobriu que muitos dos documentos de Newton estavam escritos em um código secreto. E por seis anos, Keynes lutou para decifrá-los. Ele esperava que revelassem os pensamentos íntimos do fundador da ciência moderna. Mas o que o código realmente revelou foi outro lado, muito mais sombrio, do trabalho de Newton, pois, nos manuscritos, Keynes encontrou um Newton desconhecido para o restante do mundo – um Newton obcecado por religião e um disseminador de práticas de heresia e de ocultismo.

O alquimista

Os dias de Newton foram realmente voláteis. Na época de Newton, a Inglaterra viveu o Grande Incêndio de Londres, a peste e uma Guerra Civil que levou à morte 190 mil de seus compatriotas de uma população de apenas 5 milhões. Foi também o período que testemunhou o início da revolução científica, uma época em que a ciência e a razão redefiniriam o mundo.

Mas a ideia moderna de Newton não poderia estar mais distante do que o próprio Newton pensava. Seus manuscritos particulares mostram que, no ano em que se tornou professor em Cambridge, Newton também comprou dois fornos, um apanhado de substâncias químicas e uma curiosa coleção de livros. Newton havia encontrado a alquimia.

A alquimia na época havia sido proibida. Naqueles dias desesperados de confusão e crise, o governo temia que fraudes corrompessem a economia com ouro falso. E, se você fosse pego praticando alquimia, o castigo era rápido e severo. Alquimistas excomungados eram habitualmente enforcados em um cadafalso dourado. E, às vezes, eram obrigados a usar roupas cintilantes quando enforcados, para torná-los ainda mais um espetáculo público.

Em meados da década de 1670, Newton havia se retirado do cenário internacional da ciência. Jurou nunca mais publicar outro artigo científico. Em vez disso, no isolamento de Cambridge, Newton mergulhou em sua alquimia. Mas Newton não estava procurando enriquecer. Ele simplesmente queria conhecer a mente do próprio Deus. Como seu amanuense de Cambridge, Humphrey Newton, disse sobre Isaac: "Qual seria o objetivo dele, eu não fui capaz de compreender, mas sua dedicação e diligência nesses momentos determinados me fizeram pensar que ele visava algo muito além do alcance da arte e da indústria humanas". Os estudiosos ortodoxos consideraram a alquimia de Newton inútil. Mas eles não entenderam o ponto crucial. Para Newton, a alquimia era o caminho direto para o próprio Deus.

A alquimia era a teoria da matéria medieval. Era uma ciência que buscava respostas para as perguntas mais básicas, tais como "O que é a Terra? De que é feito o cosmos? Quais são os componentes da matéria?". Newton examinou os mais antigos textos em busca de respostas. Ele acreditava que os Antigos compreendiam grandes verdades sobre a natureza e o cosmos. Essa sabedoria se perdeu com o tempo, mas Newton acreditava ser um emissário de Deus nesta Terra. Ele acreditava que era sua tarefa encontrar os códigos secretos, ocultos tanto na Bíblia como nos mitos gregos, que ele interpretava como receitas alquímicas codificadas.

A alquimia de Newton era uma maneira oculta de investigar a filosofia natural. Sua prática da alquimia foi a química moderna em seus primórdios. Newton estava experimentando substâncias alcóolicas estranhas e procurando transformar materiais de uma forma em outra.

Gravidade

A alquimia pode ter continuado como a obsessão de Newton, mas, na década de 1680, o astrônomo Edmond Halley, hoje conhecido pelo cometa, perguntou a Newton que tipo de curva seria descrita pelos planetas. Halley e outros começaram a suspeitar de que os planetas eram atraídos ao Sol por algum tipo estranho de força. A pergunta de Halley mudaria o mundo para sempre. Nos dezoito meses seguintes, Newton trabalhou na questão de como os planetas se deslocavam pelo espaço. Ele mal comeu e dormiu e não viu quase ninguém até que finalmente criou sua obra-prima de 500 páginas, *Princípios Matemáticos*, considerada por muitos o livro de ciências mais magnífico, abrangente e ousado já escrito. Newton havia publicado um sistema do mundo, uma teoria de tudo. Ele viu que a órbita da Lua ao redor da Terra, o movimento das luas ao redor de Júpiter e o movimento de uma bala de canhão na Terra, todos tinham uma causa de movimento em comum. Eram governados pela mesma lei da gravidade. Em um salto revolucionário, Newton declarou que essa força invisível operava em qualquer lugar do cosmos. Era a sua lei da gravitação universal.

E, no entanto, Newton não compreendia a fonte dessa força gravitacional. Como um objeto pode ser atraído por outro se não há nada entre eles? Alguns estudiosos acreditam que a noção de gravidade de Newton estava relacionada à prática oculta da alquimia. Eles acreditam que o fascínio de Newton pela vegetação de metais, em que os metais inertes parecem viver e crescer como plantas, também se aplicava à misteriosa e invisível força da própria gravidade. Era uma ação à distância.

Portanto, o último grande bruxo não foi Dumbledore, ou Voldemort, mas Isaac Newton. Newton conjurou brilhantemente o caminho para o sucesso em todos os campos em que trabalhava.

Ele era um construtor engenhoso e vigoroso que se interessava pelas coisas obscuras, assim como pela luz. Ele foi surpreendentemente brilhante em grandes livros como o *Princípios* e na genialidade de suas ousadas experiências. Como afirma o biógrafo de Newton, Richard Westfall:

> Nunca encontrei um homem com quem não estivesse disposto a me comparar, de modo que parecia razoável dizer que eu tinha metade da capacidade do indivíduo em questão, ou um terço ou um quarto, mas em todo caso uma fração finita. O resultado final do meu estudo de Newton serviu para me convencer de que com ele não há comparação. Ele se tornou para mim inteiramente outro, um dos poucos gênios supremos que moldaram as categorias do intelecto humano, um homem que não é finalmente redutível aos critérios pelos quais compreendemos nossos semelhantes.

COMO FUNCIONARIA O
VIRA-TEMPO DA HERMIONE?

Imagine isto: Hermione testemunhando a Crucificação. Perplexa e boquiaberta, ela não pode deixar de encarar a cena. Talvez a mais famosa de toda a História. Eis um dos benefícios da viagem no tempo. Vivenciar em primeira mão a História se desenrolar. Apenas alguns pontos a serem lembrados: ela não deve fazer nada para interferir na História. (Nota para si: nada de atirar pedras desta vez.) E quando perguntarem à multidão quem deve ser salvo, ela deve se juntar ao coro: "Dê-nos Barrabás!". De repente, Hermione dá-se conta de uma coisa a respeito da multidão. Nem uma única alma sequer de 33 d.C. está presente. A turba que condena Jesus à cruz é composta inteiramente por bruxos do futuro.

A cena toda não está apenas cheia de bruxos do futuro. Eles realmente *mudaram* o desfecho da própria História, ao estarem presentes na Crucificação. Os bruxos pensam que sabem o caminho que a História deve seguir. Em vez de Jesus ser libertado, a multidão deve escolher Barrabás, o bandido. Mas a decisão tomada é essa só porque os bruxos são testemunhas da cena. Será que Jesus teria sido libertado, se não tivessem interferido? Esse seria exatamente o tipo de paradoxo caótico que explica por que o Ministério da Magia determinou centenas de leis em torno do meio bruxo mais comum de viajar no tempo: o vira-tempo.

Vira-tempos

Esses dispositivos de viagem no tempo se assemelhavam a uma ampulheta em um colar. O número de vezes que a ampulheta era girada determinava o número de horas que um viajante poderia voltar no tempo. Vira-tempos típicos, fornecidos pelo Ministério da Magia, tinham um feitiço de reversão de horas funcionando em seu interior. Esse feitiço de reversão de horas, encapsulado no dispositivo, servia para aumentar a estabilidade, e garantir que o período mais longo revivido, sem que provocasse danos graves ao viajante, fosse de aproximadamente cinco horas.

Também existiu um "verdadeiro" vira-tempo que permitia ao viajante visitar a época que quisesse e ir muito além do limite de cinco horas. Mas poucos viajantes sobreviveram a essas viagens. Os testes com vira-tempos verdadeiros se encerraram em 1899, quando a viajante Eloise Mintumble ficou presa por cinco dias em 1402 d.C. Seu corpo envelheceu cinco séculos quando ela retornou ao presente e ficou irremediavelmente prejudicado.

Hermione ganhou o vira-tempo da Professora McGonagall para que pudesse assistir a mais aulas do que o horário escolar de Hogwarts permitiria. No fim do ano letivo, ela e Harry também o usaram para viajar no tempo para salvar Sirius Black e Bicuço da morte certa.

A possibilidade do paradoxo da viagem no tempo é comum à maioria das formas de viagem no tempo, e não está restrita apenas aos vira-tempos. Essa é uma das razões pelas quais o Professor Stephen Hawking se recusava a acreditar que tais viagens eram possíveis. Seu argumento era mais ou menos este: "Se viagem no tempo é de fato possível, então onde estão os turistas do tempo do futuro? Por que eles não estão nos visitando, contando-nos tudo a respeito dos prazeres da viagem no tempo?".

Viagem no tempo

A manipulação do tempo há muito tem sido o sonho dos feiticeiros. E se o tempo pudesse ser controlado? E se esse agente brutal, que devora a beleza e a vida, pudesse ser domado? O mundo bruxo tem quatro dimensões. Três dimensões são espaço; o tempo é a quarta. Parece não haver diferença entre o tempo e qualquer uma das três dimensões do espaço, exceto que nossa consciência se move ao longo dele.

Houve flertes folclóricos com o tempo, em que a magia sonhadora se misturou ao mito. E tem havido a noção mecanizada de viagem no tempo. Os dispositivos de viagem no tempo estão ligados ao próprio conceito de tempo. Os gregos antigos tinham duas palavras para o tempo: *cronos* e *kairós*. *Kairós* sugere um momento de tempo, em que algo especial acontece. *Cronos* está mais preocupado com o tempo medido e sequencial. A filosofia natural trouxe uma abordagem mecanicista da natureza. *Cronos* entrou em cena e assim nasceram os dispositivos de viagem no tempo.

O tempo estava no éter. Salpicava a tela dos cubistas. Artistas como Picasso e Braque produziram pinturas em que vários pontos de vista eram visíveis no mesmo plano, ao mesmo tempo. Todas as dimensões eram usadas para dar ao objeto retratado uma maior sensação de profundidade. Era uma nova e revolucionária maneira de olhar para a realidade. O tempo foi capturado no cinema e na fotografia em *stop-motion* de Étienne-Jules Marey. Inspirou Marcel Duchamp a pintar seu altamente controverso *Nu descendo a escada*, que mostrava tempo e movimento por sucessivas imagens sobrepostas. Os americanos ficaram escandalizados.

Nascia o espaço-tempo. Einstein nos deu uma nova perspectiva sobre a quarta dimensão. Os relógios correm devagar. O tempo é retardado pela gravidade. E a velocidade da luz é a mesma, não importa como o observador esteja se movendo. Foi uma revolução no tempo. E isso parecia preocupar Salvador Dali. Para muitos, sua ansiedade é palpável em sua famosa pintura, *A persistência da memória*. Os relógios derretidos são a mais gráfica ilustração do tempo distorcido pela gravidade einsteiniana da História.

Como operam os vira-tempos

Como funcionaria um vira-tempo? Uma maneira possível é através da criação de um buraco de minhoca. O famoso escritor de ficção científica norte-americano John Campbell foi o homem que inventou esses portais espaciais. Em seu romance de 1931, *Islands of Space*, Campbell usou a ideia como um atalho de uma região do espaço para outra. E em sua história de 1934, *The Mightiest Machine*, ele chamou esse mesmo atalho de hiperespaço, outro termo que hoje é familiar.

Um ano depois, o mundialmente famoso cientista vencedor do prêmio Nobel Albert Einstein, juntamente com seu colega, Nathan Rosen, pensou a ciência por trás da invenção da viagem no tempo. Eles elaboraram a teoria científica que explicava o conceito de pontes no espaço. Foi muito mais tarde que os cientistas começaram a chamar essas pontes de buracos de minhoca.

Imagine que criamos um buraco de minhoca. Um buraco de minhoca é uma região do espaço que possui uma curvatura. É basicamente um atalho no espaço e no tempo pelo qual viajar. O problema, no entanto, é que os viajantes do tempo bruxos não poderiam voltar no tempo até uma data anterior à criação do buraco de minhoca. Por exemplo, se um bruxo conseguisse criar um buraco de minhoca em 1º de abril de 1666, não lhe seria possível voltar no tempo antes de 1666. Portanto, algum esplêndido bruxo num passado distante deveria ter conjurado um buraco de minhoca para fazer a coisa toda funcionar.

Então, como é um buraco de minhoca? É o tipo de túnel cósmico em espiral frequentemente retratado em filmes quando algo está em uma jornada pelo espaço e tempo. Um buraco de minhoca tem pelo menos duas bocas, conectadas por uma única garganta. E os cientistas acreditam que, *de fato*, eles existem. Pelo menos em teoria. E, como essa teoria é de Einstein, as pessoas a levam a sério. As coisas podem viajar de uma boca para a outra passando pelo buraco de minhoca. Ainda não encontramos um, mas o universo é imenso. E não estamos realmente procurando há muito tempo.

A CIÊNCIA TEM LIMITES, COMO OS LIMITES DA MAGIA DE J.K. ROWLING?

A natureza é sua própria magia. No universo de *Harry Potter*, a magia é retratada como uma força sobrenatural que, quando usada com destreza, pode suplantar as leis normais da natureza. Mas, como as leis da natureza são muito bem concebidas, tendo cozinhado a fogo brando ao longo de uns treze bilhões de anos de evolução, é aconselhável se perguntar de que forma a magia poderia suplantá-las, e em que situações. E, dizem os rumores, foi exatamente isso que J.K. Rowling se perguntou antes de publicar o primeiro romance. Durante cinco anos, conta a história, ela estabeleceu os limites da magia para sua fantasia – decidindo o que a magia poderia e não poderia fazer. "O mais importante a se decidir quando você está criando um mundo de fantasia", disse Rowling em 2000, "é o que os personagens não conseguem fazer".

Daí as Principais Exceções à Lei de Transfiguração Elementar de Gamp. A Lei de Gamp era uma lei que governava o mundo mágico. E a comida era a primeira das cinco principais exceções: bruxas ou bruxos podiam cozinhar comida com magia, mas não conjurá-la do nada. Quando a comida parecia ter sido conjurada a partir do nada, como a bandeja de sanduíches da Professora McGonagall, que se reabasteciam automaticamente, ou as grandes quantidades de comida durante os banquetes em Hogwarts, ou essa comida estava sendo multiplicada ou transportada de outro lugar.

O mundo mágico também não estava cheio de bruxos que enriqueciam rapidamente. É de conhecimento público que Rowling sugeriu que, embora não tenha sido explicitamente afirmado na série, os bruxos não poderiam simplesmente conjurar dinheiro do nada. Um sistema econômico baseado em tal possibilidade seria terrivelmente falho e altamente inflacionário. Talvez seja também por isso que foi imposto um limite no uso da Pedra Filosofal na alquimia. As habilidades da Pedra foram descritas como extremamente raras, possivelmente até únicas, e possuídas por um dono que não tirou vantagem de seus poderes.

Considere o amor e a morte. Alguns feitiços mágicos necessitavam de uma contribuição emocional ao serem lançados. O Feitiço do Patrono precisava que o bruxo se concentrasse em uma lembrança feliz. Por exemplo, Harry conjurou um Patrono corpóreo quando Sirius estava prestes a receber o Beijo do Dementador. A força de vontade de Harry era um ingrediente essencial na magia. De fato, o amor é retratado como uma poderosa forma de magia. O amor era, de acordo com Dumbledore, uma "força que é ao mesmo tempo mais maravilhosa e mais terrível que a morte, que a inteligência humana, que as forças da natureza". Em *O Cálice de Fogo*, Dumbledore também diz que não há feitiço que possa trazer as pessoas de volta dos mortos. Claro, eles podem ser reanimados para se tornarem submissos Inferi sob o comando de um bruxo vivo. Mas não passam de zumbis sem alma, sem vontade própria. O limite é bastante mencionado na série, e os bruxos tentam extrapolá-lo por sua conta e risco.

Também não é possível para um bruxo alcançar a imortalidade. Não sem a Pedra Filosofal ou uma Horcrux — ou sete delas. As três

Relíquias da Morte eram lendárias por conceder ao proprietário o dom de ser o senhor da morte. Mas, ainda assim, foi sugerido que um verdadeiro senhor da morte na verdade era um bruxo que estava disposto a se curvar diante da inevitabilidade da morte.

E, no entanto, a morte ainda exerce fascínio sobre a classe bruxa. No Departamento de Mistérios, existe uma câmara que abriga um véu enigmático. O véu é a divisão entre a vida e a morte. Essa manifestação da barreira entre o mundo dos vivos e o mundo dos mortos é, sem dúvida, estudada pelos Inomináveis – as bruxas e bruxos que trabalham no Departamento. Mas será que há limites também para a ciência?

Ciência, fantasia e a pergunta "E se?"

A fantasia é a faculdade de imaginar coisas improváveis. Mas, até aí, o mesmo acontece com a ciência. Às vezes. A fantasia é um instrumento literário para explorar mundos imaginados e, nesse sentido, é um tipo de ciência teórica. Os cientistas também fazem modelos de mundos imaginados. O que acontece é que eles só são mais matemáticos. Eles elaboram universos idealizados e começam a ajustar os parâmetros para ver o que pode acontecer. A pergunta "E se?" é fundamental tanto na ciência quanto na fantasia.

E se a magia fosse real? E se um bruxo pudesse conjurar mil coisas? E se as bruxas pudessem agitar suas varinhas e fazê-las funcionar? Os cientistas também tentam responder a perguntas do tipo "E se?". Mas eles são obrigados a permanecer dentro dos limites das teorias conhecidas da ciência. Os escritores de fantasia têm muito mais liberdade. E o que há de melhor na fantasia pode ser usado para refletir sobre questões filosóficas ou morais profundas: a metafísica da divisão da alma; o fator que impulsiona a vingança; ou perguntas profundas sobre o amor e a morte.

Será que todos os grandes mistérios foram decifrados, e todas as grandes perguntas, respondidas? Será que a era das descobertas verdadeiramente grandes ficou para trás? E haverá uma "teoria de tudo" definitiva que marca os limites da ciência?

Já em 1968, *2001: Uma Odisseia no Espaço*, de Stanley Kubrick, retratava uma cultura científica em declínio. No filme, as viagens espaciais estão repletas de logotipos e marcas comerciais de empresas, mostrando um mundo absolutamente encenado. Os logotipos corporativos que apareceram ao longo do filme pareciam, na época, muito sinistros – uma violação patente da democracia. A ironia de um futuro insípido dominado por corporações e tecnologia da película passou despercebida para algumas pessoas. O magnata da Microsoft Bill Gates sugeriu que *2001* inspirou sua visão do potencial dos computadores (se bem que, se Gates foi ou não também inspirado pela imagem do sinistro domínio corporativo, é mera especulação). No entanto, esse controle corporativo é sintomático da crise científica retratada no filme.

A despeito de Kubrick, há uma suposição tácita de que a ciência é infinita e ilimitada. Mas também existe a ideia de que, um dia, os cientistas possam encontrar tais verdades que significariam que mais nenhuma ciência será necessária. Existem até aqueles que acham que tal cenário é iminente, já que estamos nos aproximando dos próprios limites do conhecimento científico: físicos que antecipam uma teoria de tudo; biólogos evolucionários que estão perto de determinar como a vida na Terra começou; cosmólogos aproximando-se de uma teoria da criação do cosmos; e neurocientistas flertando com uma compreensão definitiva da consciência.

A ciência também impõe limites a si mesma. A teoria da relatividade especial de Einstein estabelece um limite à velocidade da matéria ou informação; a mecânica quântica exige que nossa investigação de dimensões nanoscópicas permaneça indeterminada; a teoria do caos sugere que muitos fenômenos podem ser impossíveis de prever; e a biologia evolutiva lembra aos humanos que eles são meros animais, não robôs implacáveis que buscam as verdades profundas da natureza.

Os otimistas podem dizer que é possível superar esses limites. No entanto, muitas das derradeiras questões podem nunca ser respondidas. Podemos nunca ser capazes de apurar o início do universo, se é que de fato houve um. Podemos nunca descobrir se quarks e léptons são compostos de partículas ainda menores. E talvez jamais possamos ser capazes de compreender quão inevitável foi a origem da vida na Terra, ou se existe vida em outro lugar do cosmos.

E, no entanto, a resposta talvez esteja num computador. Talvez em breve os humanos criem máquinas artificialmente inteligentes, capazes de transformar totalmente nossa limitada ciência. Na versão mais ambiciosa desse cenário, as máquinas inteligentes poderão transformar todo o cosmos em uma gigantesca e holística rede de processamento de dados. Talvez neste dia, quando toda a matéria se tornar razão, seremos capazes de responder à derradeira questão de por que há algo em vez de nada. Isso, *sim*, até pareceria magia.

QUE TIPO DE PROFECIA É POSSÍVEL?

"Aquele com o poder de vencer o Lorde das Trevas se aproxima... nascido dos que o desafiaram três vezes, nascido ao terminar o sétimo mês... e o Lorde das Trevas irá marcá-lo como seu igual, mas ele terá um poder que o Lorde das Trevas desconhece... e um dos dois deverá morrer na mão do outro pois nenhum poderá viver enquanto o outro sobreviver... aquele com o poder de vencer o Lorde das Trevas nascerá quando o sétimo mês terminar..." – *Harry Potter e a Ordem da Fênix*

"Se há uma coisa que aprendemos com a história das invenções e das descobertas, é que, no longo prazo – e muitas vezes no curto prazo – as profecias mais ousadas parecem ridiculamente conservadoras" – Arthur C. Clarke, *A exploração do espaço* (1954)

No universo de *Harry Potter*, uma profecia era uma previsão feita por um Vidente. O Vidente, um bruxo ou bruxa com um dom de prever o futuro, começava a recitar a profecia involuntariamente e entrava em uma espécie de transe, enquanto falava estranhamente com uma voz alterada. O registro de tal profecia era então mantido em uma esfera de vidro e conhecida, apropriadamente, como um registro de profecia. Os orbes de profecia, objetos esféricos que pareciam conter uma névoa rodopiante, eram mantidos no Salão das Profecias, abrigado no Departamento de Mistérios. Somente os membros da classe bruxa mencionados na profecia tinham permissão para remover esse registro do Salão. Muitos registros de profecias foram destruídos na Batalha do Departamento de Mistérios.

Uma das mais proeminentes Videntes foi a Professora Sibila Trelawney. Lecionando Adivinhação em Hogwarts, a primeira profecia registrada de Trelawney foi testemunhada por Alvo Dumbledore. A profecia prenunciava o nascimento de um bruxo que seria capaz, embora não houvesse garantia alguma, de derrotar Lord Voldemort. A profecia prosseguia dizendo que Voldemort marcaria esse jovem bruxo como seu igual, e que ou o jovem bruxo, ou Voldemort, acabaria matando o outro. Esse garoto, é claro, mostrou-se ser Harry Potter. Harry não sabia nada a respeito da profecia até Dumbledore contar-lhe a história, após a Batalha do Departamento de Mistérios. A profecia provou ser bastante presciente. Mas e quanto às profecias no mundo trouxa? Serão possíveis? E, se não forem, qual é o mais próximo que podemos chegar de profecias?

Profecia trouxa

No mundo trouxa, se há um campo ao qual as profecias pertencem, é à ciência. A ciência é diferente de outras disciplinas intelectuais, como humanidades, arte ou religião. A ciência gira em torno de sua aplicação prática. A ciência é uma disciplina preocupada com a maneira como as coisas são feitas e como os resultados podem ser previstos a partir da prática.

Pense na ciência como uma receita para fazer as coisas. A ciência mostra como executar determinadas tarefas, caso você precise executá-las, e o que acontecerá quando o fizer. Há um grande poder nessa filosofia simples. É fundamentalmente uma filosofia da matéria em movimento, um relato da natureza e da sociedade por baixo e não por cima. É uma filosofia que constata o poder da mudança por meio do conhecimento das regras básicas da natureza.

Pense também na maneira como a ciência evoluiu. A História mostra uma sequência distinta do surgimento de suas diferentes disciplinas. A ordem geralmente é: matemática, astronomia, mecânica, física, química e biologia. A origem e o desenvolvimento dessa sequência reside na preocupação com técnicas práticas para atender às necessidades humanas. Essa sequência temporal evolutiva das ciências é fascinante. Parece se encaixar muito bem nos padrões de avanço social. Observe como a sequência corresponde muito bem aos usos práticos que eram esperados, se não exigidos, da ciência pelas classes dominantes em diferentes momentos.

Na antiguidade, a ciência derivava das técnicas que surgiam de nossa preocupação com a natureza. Por exemplo, desde o início da história documentada e o desenvolvimento do excedente produtivo, a matemática surgiu da necessidade de fazer cálculos relacionados à tributação e comércio, ou medir a terra. Observações do céu foram usadas para determinar as estações do ano, um fator importante para saber quando plantar, bem como para entender a duração do ano. Essas funções sacerdotais deram origem à astronomia, é claro.

Foi somente muito mais tarde que os seres humanos desenvolveram um fascínio pelo controle das forças inanimadas da física. As demandas da nova indústria têxtil, o interesse dos fabricantes emergentes do século XVIII, deram origem à química. As ciências mais complexas, como a medicina e a biologia, foram desenvolvidas através do estudo do próprio assunto, com praticamente nenhuma contribuição das ciências mais simples, como a mecânica. Descobertas revolucionárias abriram caminho em todos esses campos da ciência.

Quando consideramos exemplos detalhados dessas sequências de descobertas, outras tendências gerais costumam ocorrer. Em qualquer disciplina específica, uma série de descobertas associadas pode ser identificada. A cadeia de eventos geralmente começa com uma descoberta inesperada e revolucionária: uma aproximação de campos antes considerados não relacionados e que culminam num campo inteiramente novo da ciência. Está longe de ser profecia.

Tome como exemplo o "Sistema do Mundo" newtoniano. Essa foi a teoria de tudo de Isaac Newton, associada ao desenvolvimento da teoria da gravitação universal, no fim do século XVII. A longa cadeia de eventos que levou ao trabalho de Newton começou pelo menos um século antes com a proposta revolucionária de Copérnico de um sistema planetário tendo como centro o Sol. Isso levou à junção dos experimentos de Galileu em dinâmica terrestre com a mecânica celeste de Kepler e culminou com a síntese de Newton da nova visão de mundo mecânica do universo, uma visão de mundo que viria a predominar na física até o início do século XX.

A visão de mundo de Newton era a de um universo mecânico. A física tornou-se a ciência explicativa absoluta: acreditava-se que qualquer tipo de fenômeno poderia ser explicado em termos de mecânica, e o cosmos era uma máquina perfeita, que estava essencialmente aberta à previsão. As leis da mecânica, pensava-se, poderiam dizer exatamente onde Júpiter estaria em uma semana na próxima quarta-feira. E, no entanto, os trouxas logo descobriram que o caos é a lei da natureza, e a ordem, o sonho do homem.

A física é boa se você deseja descrever planetas em órbita, naves espaciais voando para Saturno, esse tipo de coisa. Mas de alguns aspectos da natureza a física faz más previsões. A turbulência é um desses exemplos. O ar correndo em volta da asa de um jato. Sangue fluindo pelo coração. Ou até mesmo mudanças climáticas. É difícil elaborar uma representação do comportamento de sistemas complexos como clima e temperatura. Mesmo que pudesse compreendê-los, ainda assim não poderia fazer previsões precisas. A previsão do tempo é quase impossível. E isso ocorre porque o comportamento do sistema depende fortemente das condições iniciais, e pequenas diferenças tornam-se extremamente amplificadas.

O caos não é apenas aleatório e imprevisível. Devido às inúmeras pequenas imperfeições inerentes aos sistemas complexos, pequenas nuanças logo começam a fazer uma diferença. Logo, as imperfeições afetam drasticamente seus cálculos cuidadosos, e até sistemas simples apresentam um comportamento imprevisível. Então, na verdade, você não pode prever o futuro mais do que alguns segundos.

COMO OS COMENSAIS DA MORTE DE VOLDEMORT SÃO CLASSIFICADOS NAS 14 CARACTERÍSTICAS QUE DEFINEM O FASCISMO?

Voldemort é um fascista? Aliás, há uma ciência para identificar fascistas? Seria uma área da ciência bem útil em que se especializar. E, uma vez dominada, essa ciência poderia ser usada como arma para evitar fascistas a qualquer custo, sejam eles Comensais da Morte ou não. Até onde a observação empírica pôde constatar, os fascistas menos sutis são os mais fáceis de catalogar: eles podem usar bigodes, vestir uniformes da Hugo Boss, ou preferir manifestações à luz de tochas, protegidos pela escuridão. Mas nossa taxonomia também deveria incluir os fascistas menos visíveis, aqueles que se escondem em plena vista. Eles podem até parecer apelar ao lado mais escuro de sua natureza, até você começar a ter um controle crítico de suas faculdades. Resumindo, nem todos os fascistas invadem a Polônia, têm caveiras em suas boinas, ou falam incessantemente sobre construir muros.

Então, o que dizer sobre Voldemort e seus Comensais da Morte – eles eram fascistas? Eles *pareciam* ser. Mas como podemos realmente dizer? Para ajudar a responder esta questão, algo útil a considerar é uma definição de fascismo de 14 pontos que foi desenvolvida a partir de um estudo político cuidadoso de regimes fascistas ao longo do último século. A definição foi desenvolvida pelo acadêmico Dr. Lawrence Britt, que examinou os regimes fascistas de Hitler na Alemanha, Mussolini na Itália, Franco na Espanha, Suharto na Indonésia, e vários regimes latino-americanos. A partir desse estudo, Britt identificou o que ele chamou de 14 características determinantes comuns a cada um. Então, vamos descrevê-las a seguir e ver como Voldemort e seus Comensais da Morte se comparam a eles.

I. Nacionalismo poderoso e contínuo

Regimes fascistas têm o hábito de constantemente usar slogans, símbolos, canções e outras parafernálias patrióticas. Bandeiras são onipresentes. Usadas em todos os lugares, como símbolos em roupas e em demonstrações públicas.

Em *Harry Potter e as Relíquias da Morte*, Voldemort e os Comensais da Morte derrubaram o Ministério da Magia. Depois disso, os Comensais construíram uma enorme estátua na entrada principal do Ministério, gravada com o slogan *Magia é poder*, como um testamento do poder dos bruxos puros. O uso persistente de propaganda continua depois no livro quando Harry invade o escritório de Umbridge e encontra bruxos imprimindo panfletos intitulados *Sangues ruins – e os Perigos que Oferecem a uma Sociedade Pacífica de Puros-Sangues*. E quem poderia esquecer o símbolo dos Comensais da Morte, a marca negra, que aparece como um crânio verde cintilante "recortando-se contra o céu noturno como uma nova constelação", e com uma cobra saindo da sua boca? A marca negra também era usada na parte interior do braço esquerdo dos Comensais da Morte, aparecendo como um sinal leve, lembrando uma tatuagem vermelho-vivo enquanto inativa e preto intenso, quando ativa. O autor britânico Cristopher Hitchens observou o significado do raio em artigo publicado no *New York Times*. Hitchens apontou que o raio, que era o formato da cicatriz que Harry recebeu como resultado da maldição de Voldemort, e considerado emblemático da série, também foi o símbolo da União Britânica de Fascistas de Sir Oswald Mosley, um proeminente grupo de simpatizantes do nazismo durante os anos 1930 e 1940. Os próprios nazistas utilizavam o relâmpago no símbolo da SS.

II. Desdém pelo reconhecimento dos Direitos Humanos

Os fascistas cultivam um medo agudo de inimigos e uma necessidade irracional de segurança. Seus regimes persuadiram as pessoas de que direitos humanos podem ser ignorados em certos casos de suposta necessidade. As populações são encorajadas a "fazer vista grossa" para, ou mesmo aprovarem, tortura, execuções, assassinatos e longos encarceramentos de prisioneiros.

III. Identificação de inimigos/bodes expiatórios como uma causa unificadora

Populações fascistas muitas vezes se reúnem em um frenesi patriótico em prol de uma necessidade de eliminar uma suposta ameaça comum, ou inimigo. As supostas ameaças são tipicamente de minorias raciais, étnicas ou religiosas, ou, se políticas, são geralmente chamadas de liberal, comunista, socialista ou, cada vez mais, terrorista.

No universo de *Harry Potter*, temos a "Comissão de Registro dos Nascidos Trouxas". Quando espionaram o Ministério, Harry, Rony e Hermione encontraram evidências dessa Comissão. O Ministério da Magia de Voldemort via apenas os bruxos de sangue puro como dignos de acessar a magia e um lugar na comunidade bruxa. Também descobrimos que os nascidos trouxas ou bruxos mestiços estavam sendo interrogados e rotineiramente presos em Azkaban. Também houve o interrogatório de Mary Cattermole, sob a presença dos dementadores, que estava sendo questionada sobre a identidade do bruxo de quem ela roubara a varinha. Em outro lugar, testemunhamos grupos de bruxos nascido trouxas fugindo do Ministério, e o sequestro e assassinato da professora de estudo dos trouxas, Charity Burbage, em frente a um antro de Comensais da Morte.

J. K. Rowling declarou que os termos "puro-sangue", "mestiço" e "nascido trouxa" são comparáveis a "algumas das verdadeiras tabelas que os nazistas usavam para demonstrar o que constituía o sangue ariano ou judeu. Eu vi um deles no Museu do Holocausto em Washington quando eu já tinha criado as definições de puro-sangue, mestiço e nascido trouxa e gelei ao notar a semelhança".

IV. Supremacia dos militares

Mesmo quando há problemas econômicos predominantes, os militares recebem uma quantidade desproporcional de financiamento do governo, enquanto a agenda doméstica é negligenciada. Soldados e militares são glamourizados.

Claramente não existe uma ala militar entre os bruxos. E ainda assim, quando descobrimos sobre a Comissão de Registro dos Nascidos Trouxas, notamos a presença incomum de dementadores nos julgamentos associados. Anteriormente, dementadores eram estritamente controlados e limitados às torres negras de Azkaban. Mas, com o poder fascista de Voldemort crescendo, o Ministério lentamente perdeu o controle dos dementadores, que surgiram do nada para atormentar e aterrorizar Harry e Duda em Little Whinging. Durante *As Relíquias da Morte*, os dementadores estavam cem por cento alinhados com Voldemort, e estiveram também presentes no próprio Ministério. Eles eram um constante símbolo de desesperança e opressão, e sua presença mantinha a aterrorizada comunidade bruxa na linha. Eles eram mais do que uma ameaçadora força mágica: eram a tropa de choque da magia negra, e sua presença e natureza ajudaram a remover a alegria e esperança dos bruxos.

Uma força mágica secundária quase militar eram os Sequestradores. Eles cercavam nascidos trouxas que haviam fugido e os entregavam para os Comensais da Morte em troca de recompensas. Os Sequestradores capturaram Harry, Rony, Hermione e os levaram para a mansão dos Malfoy.

V. Sexismo desenfreado

Governos fascistas tendem a ser quase exclusivamente dominados por homens. Sob tais regimes, papéis de gênero tradicionais se tornam mais rígidos. Divórcio, aborto e homossexualidade são suprimidos, e o Estado é representado como o guardião supremo da instituição familiar.

Não existe sexismo declarado no universo de *Harry Potter*. Entretanto, existe uma forte insinuação de que Voldemort e os Comensais da Morte são guardiões da instituição familiar, contanto que suas veias tenham habilidade mágica e o tipo correto de sangue. Eles pareciam obcecados com a proteção de famílias puro-sangue tradicionais e em eliminar bruxos nascidos trouxas que "maculam linhagens". No interrogatório da Sra. Cattermole, Dolores Umbridge não demonstrou nenhuma consideração pelos filhos de Reg e Mary Cattermole, pois sua mãe era nascida trouxa. Mas os Weasley ainda tinham permissão para trabalhar e viver entre a comunidade bruxa (mesmo eles sendo conhecidos como membros da Ordem da Fênix e aliados de Dumbledore) porque eles eram uma família puro-sangue, e eram protegidos, pois poderiam ser convertidos para a causa.

VI. Mídia de massa controlada

Muitas vezes, governos fascistas controlam diretamente a mídia. Mas a mídia pode também operar sob um verniz de liberdade, enquanto está sendo controlada por regulação do governo, ou por porta-vozes simpatizantes de monopólios corporativos. (Como o autor americano Upton Sinclair disse uma vez: "Fascismo é capitalismo mais assassinato".) Consequentemente, censura, especialmente em períodos de guerra, é muito comum.

A única mídia bruxa verdadeira no universo de *Harry Potter* era o *Profeta Diário*. Com a história se desenvolvendo, vimos o poder de Voldemort crescer, e a infiltração no Ministério evoluir. A evolução política dessa narrativa é refletida na maneira como Harry e Dumbledore são retratados no *Profeta*. Após *O Cálice de Fogo*, Cornélio Fudge pressionou o *Profeta* a encobrir a alegação de Harry e Dumbledore de que Voldemort tinha retornado. No final de *A Ordem da Fênix*, entretanto, quando Voldemort se revelou ao mundo no Ministério, o *Profeta* finalmente publicou a história. E ainda assim, após a derrubada do Ministério no começo de *As Relíquias da Morte*, Dumbledore foi mais uma vez retratado como um velho tolo, e Harry se tornou o "Indesejável Nº1".

VII. Obsessão com a segurança nacional

O medo é usado como uma ferramenta motivacional do governo sobre as massas. O universo de *Harry Potter* tem uma interpretação interessante da NSA (Agência Nacional de Segurança dos EUA). Em *As Relíquias da Morte*, o Ministério colocou um tipo de rastreador mágico, conhecido como um tabu, no nome Voldemort. Então, se qualquer um falasse o nome dele, o Ministério era imediatamente notificado da transgressão. A lógica de poder fascista por trás do tabu era a de que a maioria dos bruxos ficaria muito assustada para falar o nome de Voldemort, e, em vez disso, usaria a obediente e covarde frase "Aquele-que-não-deve-ser-nomeado". De fato, como Dumbledore disse para Harry no princípio da série, "Medo de um nome aumenta o medo da coisa em si". Mais tarde, em um desafio ao poder, os membros da Ordem da Fênix começaram a falar o verdadeiro nome de Voldemort.

VIII. Religião e governo são interligados

Governos fascistas tendem a usar a religião nacional mais comum como ferramenta para manipular a opinião pública. Retórica religiosa é cuspida frequentemente por porta-vozes do governo, até quando os maiores dogmas da religião são diametralmente opostos às políticas ou ações do governo.

Não há uma religião dos bruxos. E mesmo assim a retórica usada por Voldemort e pelos Comensais da Morte era imersa em uma obsessão conservadora com a história e as lendas do mundo dos bruxos. Eles governavam com uma ferocidade de medo e intimidação que ecoava a atitude e as atrocidades da Inquisição Espanhola.

A escolha dos objetos que funcionariam como as Horcruxes de Voldemort era também excessivamente dependente de relíquias que pareciam religiosas em seu significado. A fixação dele com a varinha anciã, uma das relíquias da morte e uma lenda antiga do mundo dos bruxos, tinha um significado de fé. Apesar dessas relíquias não terem sido usadas para governar, as lendas antigas eram a coisa mais próxima que o mundo dos bruxos tinha de uma religião.

IX. O poder corporativo é protegido

Ecoando a alegação de Upton Sinclair, Lawrence Britt descobriu que a aristocracia industrial e de negócios de uma nação fascista é frequentemente aquela que colocou esses líderes de governo no poder, criando uma relação entre negócios e governo mutuamente benéfica e uma elite de poder.

Nós sabemos muito pouco sobre poder corporativo no mundo dos bruxos. E mesmo assim a ideologia de puro-sangue dos Comensais da Morte estava associada intimamente às fortunas antigas e às famílias aristocráticas de bruxos. Tanto os Black quanto os Malfoy são exemplos de linhagens de bruxos aristocráticas e excessivamente ricas. Podemos facilmente atribuir a escolha feita por famílias puro-sangue de uma ideologia fascista de Comensais da Morte a uma forma de proteger o dinheiro da família, assim como as linhagens puras de bruxos.

De fato, essa atitude do poder aristocrático endinheirado contrasta bruscamente com a mentalidade de Harry e dos Weasley. A influência endinheirada de Lúcio Malfoy intimida tanto o comitê de diretores de Hogwarts como o Ministério da Magia. Os Malfoy constantemente chamam atenção à sua fortuna em comparação aos Weasley, a quem eles desprezam como "traidores do sangue", ao passo que a família de Harry é incrivelmente rica, mas também generosa e boa. E Sirius Black é expulso da casa de sua família por se recusar a se conformar à ideologia dos Comensais da Morte, com que o restante da família Black concorda.

Ainda sobre esta questão de dinheiro e poder corporativo, naquele artigo do *New York Times* de Christopher Hitchens, ele observa que: "O preconceito contra duendes que detêm o monopólio dos bancos é moldado mais ou menos no antissemitismo, e o tratamento sórdido dos elfos tenta nos lembrar a escravidão".

X. O poder dos trabalhadores é reprimido

Como o poder organizador do trabalho é a única ameaça real a um governo fascista, os sindicatos trabalhistas são eliminados por completo, ou são severamente reprimidos.

A referência ao poder dos trabalhadores na série é indireta e, assim mesmo, interessante. Claramente, havia uma força de trabalho de bruxos no Ministério, nos pequenos negócios do Beco Diagonal e de Hogsmeade, no *Profeta Diário* e no *Pasquim*, e no Hospital St. Mungus. Mas a atitude dos Comensais da Morte ao trabalho honesto foi revelada por inteiro quando Voldemort subiu ao poder e nós vimos o tipo de malícia que tipos como Voldemort e Umbridge tinham contra criaturas mágicas, como o centauro, Firenze, e o desdém com que a maioria das famílias tratava os duendes e os elfos domésticos. De certa maneira, essa atitude com as criaturas mágicas se estendeu a outras famílias de bruxos.

Quando Bartô Crouch maltratou Winky[3] em *O Cálice de Fogo*, Hermione reclamou que tanta crueldade era equivalente a escravidão. E mesmo assim, Rony meramente insistiu que elfos domésticos gostavam de ser tratados dessa maneira, e que eles gostavam de seu trabalho duro. Hermione foi a única personagem que queria abordar tal preconceito, até que o regime de Voldemort começou a tratar os nascidos trouxas da maneira que o restante da comunidade sempre tratou as criaturas mágicas.

XI. Desdém pelos intelectuais e pelas artes

As nações fascistas tendem a encorajar uma hostilidade aberta à educação superior e ao mundo acadêmico. Tipicamente, professores e outros acadêmicos são censurados, ou até presos. Igualmente, a liberdade de expressão nas artes é abertamente atacada, e arte progressiva é banida. Por exemplo, os nazistas usavam o termo "arte degenerada" para descrever a arte moderna, alegando que era não alemã, judaica ou comunista. Em vez disso, eles promoviam arte que exaltava a pureza racial e a obediência.

O melhor exemplo desse desdém foi o período de Umbridge como Alta Inquisidora em Hogwarts. Nessa posição, ela fez tudo o que pôde para limitar a educação com pensamento livre dos alunos, e censurou ou puniu estudantes ou professores que saíam da linha. Embora nunca tenha ficado exatamente claro se Umbridge era uma Comensal da Morte, ela acabou se tornando uma das apoiadoras mais ávidas da ideologia de Voldemort no Ministério e é notoriamente conhecida como uma das personagens mais fascistas e desprezadas na série.

---

3 Uma elfo doméstico que ficou de fora da versão cinematográfica. (N.T.)

Desprezo foi despejado sobre os cursos de adivinhação e trato das criaturas mágicas. Hogwarts não ensina nenhuma disciplina de arte em si, então esses tópicos à margem, e seus professores excêntricos e não convencionais, sofreram ataques de Umbridge, levando à demissão de Hagrid e Trelawney. Umbridge também monitorou e censurou outras aulas em Hogwarts e baniu todas as reuniões e atividades extracurriculares. McGonagall e transfiguração permaneceram relativamente sem danos, embora isso tenha tido mais a ver com McGonagall, que coloca Umbridge em seu devido lugar o máximo que pode e nunca é intimidada por ela.

XII. Obsessão com crime e punição

Sob regimes fascistas, a polícia ganha poderes quase ilimitados para fazer cumprir leis. Espera-se e encoraja-se as pessoas a tolerar abusos da polícia e até privar liberdades civis em nome do patriotismo. As forças nacionais de polícia com poder praticamente ilimitado são comuns em nações fascistas.

Punição era algo adorado pela fascista extraordinária, Dolores Umbridge. Ela forçou Harry a marcar uma mensagem corretiva em sua própria pele com uma pena que feriu sua mão. Quando Harry invadiu o escritório de Umbridge, ele encontrou uma foto dele mesmo com uma nota anexada que declarava obsessivamente, "a ser punido".

Umbridge também liderou a Comissão de Registro dos Nascidos Trouxas e, em *A Ordem da Fênix*, montou uma Brigada Inquisitorial em Hogwarts. A sequência de eventos dentro dos limites de Hogwarts funcionou como um microcosmo presciente do que aconteceria depois no Ministério em *As Relíquias da Morte*. Nesse ponto mais avançado da narrativa, os dementadores, normalmente limitados a Azkaban e criminosos comprovados, são soltos para perambular entre a população de bruxos em nome de crime e punição, com nascidos trouxas sendo enviados a Azkaban por "roubar magia".

XIII. Nepotismo e corrupção desenfreados

Regimes fascistas são tipicamente governados por grupos de amigos e associados que indicam uns aos outros para posições no governo. Eles então usam o poder e a autoridade no governo para proteger os amigos de responsabilização. Frequentemente, recursos nacionais e mesmo tesouros são apropriados pelo regime, ou mesmo roubados completamente por líderes do governo.

XIV. Eleições fraudulentas

Eleições em nações fascistas são muitas vezes uma farsa completa. Em outras ocasiões, as eleições são manipuladas por campanhas difamatórias ou mesmo assassinato de candidatos de oposição. Outras táticas são o uso de legislação para controlar o número de eleitores ou limites de distritos políticos, e manipulação da mídia. Nações fascistas também normalmente usam seu judiciário para manipular ou controlar eleições.

Essas duas últimas características estão conectadas, especialmente na pequena comunidade bruxa, onde todo mundo parece conhecer uns aos outros. De certa forma, como os membros da aristocracia britânica na vida real dos trouxas, os Comensais da Morte formam uma rede incestuosa e nepotista, pois a maioria se conhece da escola e da família. Por exemplo, os clãs bruxos Black e Malfoy são ambos famílias puro-sangue da casa Sonserina e estão intimamente relacionados. O primeiro Ministro da Magia foi nomeado em 1707 quando Ulick Gamp foi eleito. Depois, cada ministro foi eleito democraticamente através de um voto público dos bruxos, e não havia um tempo de mandato fixo do Ministro. Entretanto, eleições regulares eram realizadas em intervalos máximos de sete anos. Para subverter esse processo democrático, Voldemort tomou o Ministério colocando bruxos em posições--chave sob a Maldição *Imperius*.

Voldemort fez isso com Pio Thicknesse, o Ministro da Magia durante a infiltração do Ministério pelos Comensais da Morte. Thicknesse foi colocado sob a Maldição *Imperius*, e apontado como Ministro após o golpe. Efetivamente uma marionete do regime comensal da morte, Thicknesse estava inconsciente de suas ações, e foi consequentemente omitido da maioria dos registros oficiais como ministro.

PARTE II
TRAPAÇAS TÉCNICAS E PARAFERNÁLIA

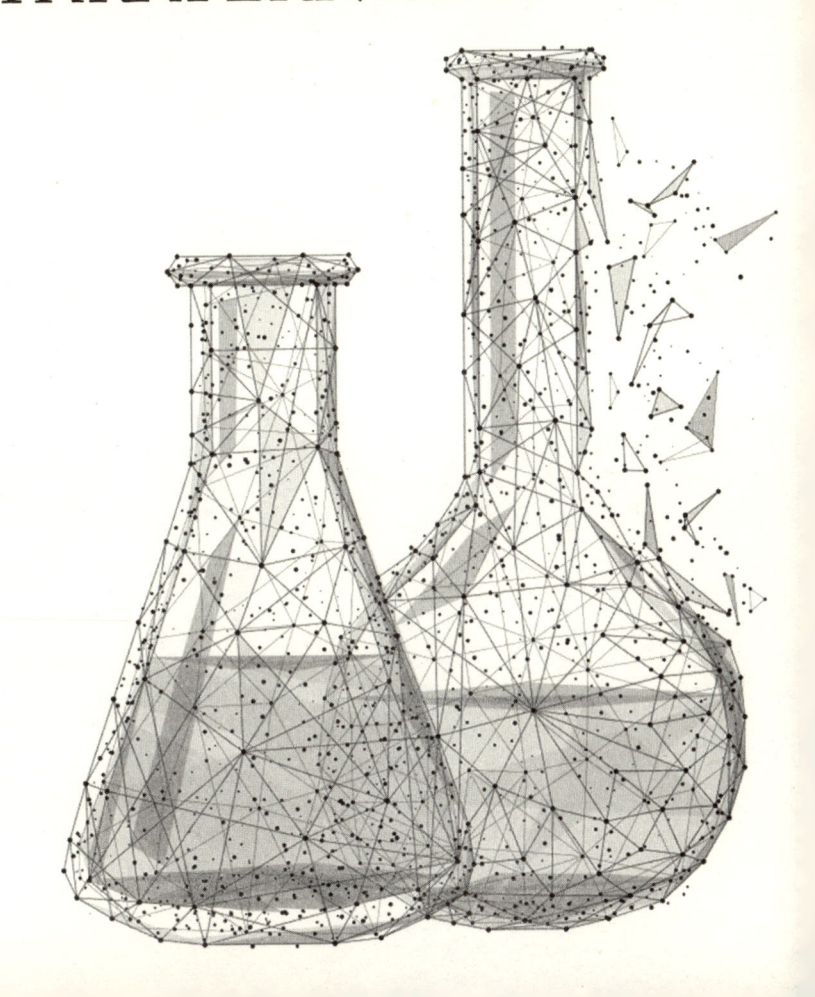

CIENTISTAS PODERIAM SER OS BRUXOS MODERNOS?

"Qualquer tecnologia suficientemente avançada é indistinguível da magia."

E ssa citação vem de Arthur C. Clarke, o escritor futurista britânico, talvez mais famoso por coescrever o roteiro do filme de 1968, *2001: Uma Odisseia no Espaço*, muito conhecido como um dos filmes mais influentes de todos os tempos. A citação é uma das famosas Três Leis de Clarke, as outras duas também são relevantes para pensamentos sobre magia: "Quando um cientista distinto e experiente diz que algo é possível, é quase certeza que ele tem razão. Quando diz que algo é impossível, ele está muito provavelmente errado" e "O único caminho para desvendar os limites do possível é aventurar-se um pouco além dele, adentrando o impossível". Então, a famosa Terceira Lei de Clarke faz dos cientistas bruxos modernos? Para responder a essa pergunta, será útil considerar a relação entre magia e ciência.

O que é ciência? Assim como a magia, a ciência é uma receita para fazer certas coisas. E, assim como a magia, a ciência é antiga. Desenvolveu-se através de muitos milhares de anos, e atravessou muitas culturas e sociedades, evoluindo através de muitas metamorfoses. Nos tempos clássicos, a ciência era apenas um dos aspectos do trabalho do sofista. Em tempos medievais, a ciência era um atributo elementar do trabalho do alquimista, ou do astrólogo.

Para ajudar a comparar a ciência e a magia, podemos pensar nos quatro pilares sobre os quais ambas são baseadas. Como a magia, a ciência é uma visão do mundo; a ciência é uma instituição; a ciência é um método; e a ciência é um acúmulo de conhecimento. Para considerarmos se os cientistas podem ser os bruxos dos dias de hoje, vamos focar na ciência como uma visão de mundo e um método.

Ciência como uma visão de mundo

Magia e ciência compartilham uma origem comum. A visão de mundo da ciência é uma das influências mais poderosas que moldaram nossas atitudes com relação ao universo. Remonta às formas primitivas que tinham uma influência considerável na antiguidade. A tradição da ciência, fortemente ligada à técnica, era o conhecimento passado do artesão para o aprendiz, ancião para o novato, e existe desde as primeiras sociedades e culturas. Essa tradição começou muito antes da ciência se desenvolver como um método, distinto da prática cotidiana e folclore.

Nos tempos antigos, humanos buscavam controlar a natureza. O mundo primordial era abundante com um número imenso de plantas e animais, que variavam largamente enquanto os humanos faziam jornadas migratórias. Nós éramos parasitas de uma natureza incontrolável. Humanos então precisavam de técnicas que pudéssemos usar para tentar entender a natureza, pois quaisquer erros poderiam muitas vezes ser fatais. A preservação e propagação do fogo, por exemplo, levaram à técnica química muito simples e essencial de cozinhar. A observação das plantas e hábitos dos animais estabeleceu as bases da biologia, e os espólios das caçadas tribais levaram a um conhecimento rudimentar de anatomia. Porém, ao caçar, coletar e observar, a técnica não poderia ir muito longe.

A magia evoluiu para tapar os buracos deixados pelas antigas limitações na técnica. Humanos usaram animais como totens mágicos. A tribo usaria imagens dos totens, ou talvez símbolos ou mesmo danças, para encorajar os animais a prosperarem e se multiplicarem. Um animago humano, como poderíamos chamar os magos primitivos, essencialmente se tornaria o animal. Enquanto as regras dos totens fossem seguidas, a tribo prosperaria.

Os totens se tornaram associados a certos poderes. Talvez eles fossem sagrados, ou tabus. Eles tinham que ser manuseados cuidadosamente, ou o equilíbrio da natureza poderia ser perturbado. O totem carregava um certo *mana*, ou poder, que significava sua influência sobre os humanos. Tais símbolos totêmicos existem hoje em dia, no leão de Grifinória, na serpente de Sonserina, no texugo de Lufa-Lufa e na águia de Corvinal.

Teoria dos espíritos mágicos

Os métodos dos primeiros magos eram baseados em imitar e compreender o funcionamento do universo. Baseados em evidências de arte rupestre no Oeste Europeu, aparentemente esses magos já tinham se estabelecido na Idade da Pedra Antiga. Tome como exemplo as pinturas rupestres de Troi-Frères no departamento de Ariège no sudoeste da França. Uma pintura lá mostra um mago ou feiticeiro usando chifres de veado, uma máscara de coruja, orelhas de lobo, as patas dianteiras de um urso, e o rabo de um cavalo. O valor de tal animagos poderia ser assegurar uma caçada bem-sucedida.

O mago ou feiticeiro, nas pinturas rupestres de Troi-Frères no departamento de Ariège no sudoeste da França.

A princípio, os magos usariam imagens, e depois símbolos, para realizar uma operação em algo que poderia ser considerado transferível para o mundo real. Um fio intacto liga esses símbolos antigos àqueles usados com sucesso na ciência moderna.

Outro atributo do pensamento primitivo, que em certo ponto se separava da magia imitativa ou simbólica, era a ideia da influência exercida pelos espíritos no mundo real. A ideia de um espírito provavelmente surgiu da relutância em aceitar a morte como um fato. Espíritos antigos eram bastante mundanos, membros da tribo que haviam falecido desde então. Mas a ideia que evoluiu foi a de que era necessário ganhar, ou reconquistar, as graças de um espírito, agora deus, fazendo algo que o agradasse.

A antiga ideia de espíritos se dividiu em duas formas bem diferentes. Por um lado, isso transformou a ideia do espírito como um ser todo-poderoso, ou deus, que se tornaria a figura central na religião. Por outro, o espírito foi separado da origem humana para se tornar um agente natural invisível, como o vento, ou a suposta força ativa por trás de mudanças químicas ou outras mudanças cruciais. Essa segunda ideia do espírito tornou-se imensamente importante na evolução da compreensão de destilados e gases na ciência.

Bruxaria para o ignorante

Ciência e magia são muito mais interligadas do que você pensa. No começo, os rituais de magia envolviam a maioria da tribo. Mas, com o tempo, a arte rupestre mostra figuras solitárias do animago tribal, vestido como um animal, que parece ter um lugar especial. Em muitas tribos primitivas hoje em dia, ainda existem os curandeiros ou feiticeiros. Eles são muito estimados, pois acredita-se que tenham um relacionamento peculiar com as forças da natureza e do universo. De certa maneira, eles estão separados do trabalho normal da tribo. E em troca, praticam suas artes mágicas para o bem da tribo. Eles são os protetores do aprendizado e conhecimento. São os precursores, o ancestral cultural direto, dos filósofos e cientistas.

A Terceira Lei de Arthur C. Clarke ecoou uma declaração de uma história de 1942 de Leigh Brackett, "Bruxaria para o ignorante [...] ciência simples para o erudito". O ritmo acelerado de mudança visto através do século XX e início do século XXI sobrecarregou muitos. Aqueles sem ciência estão desconectados da ciência e tecnologia de sua era. Para eles, a ciência inexplicável é a contraparte moderna da magia, e o cientista é o bruxo.

OS CIENTISTAS CONSEGUEM DEMONSTRAR O *WINGARDIUM LEVIOSA?*

Há aquele momento na vida de todo trouxa quando fica de queixo caído ao ver algo levitando sem uma explicação óbvia, exceto pela possibilidade de que a pessoa causando isso tenha alguma habilidade especial, mágica.

Magos trouxas e espiritualistas têm maravilhado pessoas com esses feitos impossíveis por séculos. Progressivamente, entretanto, as pessoas que têm causado mais espanto público têm sido os cientistas, cujas façanhas são igualmente fascinantes. Esses homens e mulheres talentosos realizam seus feitos ao aumentar seu conhecimento da natureza e desenvolver técnicas para explorá-lo.

Em *Harry Potter*, levitação é considerada uma das habilidades mais rudimentares dos bruxos. Ela pode ser alcançada de várias maneiras, usando feitiços como *Wingardium Leviosa* ou *Locomotor*, que podem levantar um alvo alguns centímetros do chão e movê-lo em qualquer direção. Entretanto, no mundo real, que métodos os trouxas reuniram para alcançar a levitação?

A gravidade da situação

Levitação consiste em sustentar de alguma maneira o peso de um objeto no meio do ar. Normalmente, quando falamos sobre peso, estamos acostumados a dizer que algo pesa, digamos, 100 quilos, mas quando dizemos isso, estamos realmente falando sobre a massa do objeto. A massa de um objeto não muda de um lugar para outro e é uma medida de quanta matéria está contida nele.

Todos os objetos têm um campo gravitacional associado a eles que atrai outros objetos com massa ou energia. Quanto maior a massa do objeto, maior é o campo gravitacional associado e a atração de outros objetos. Como a Terra tem uma massa imensa comparada a objetos nela, seu campo gravitacional domina objetos nela ou próximos dela. A força de atração no campo gravitacional da Terra é proporcional à massa do objeto sendo atraído à Terra. Essa força de atração é o que cientistas chamam de peso do objeto.

Para fazer um objeto levitar na Terra, é necessário encontrar um mecanismo que possa superar a atração gravitacional do objeto em direção à Terra, ou seja, seu peso. É isso, ou de alguma maneira encontrar uma forma de neutralizar o efeito da gravidade da Terra, como a cavorita, substância ficcional de H. G. Wells em seu romance de 1901, *Os primeiros homens na Lua*. Infelizmente, em nosso mundo não ficcional isento de magia, tal substância ou qualidade é considerada impossível, embora isso não tenha impedido alguns engenheiros e cientistas de tentarem.

A partir de meados dos anos 1990, houve um programa de pesquisa financiado pela BAE Systems chamado Projeto Greenglow, que foi estabelecido com o único propósito de desenvolver tecnologia antigravitacional. O homem por trás do projeto, Ronald Evans, se inspirou na ideia de controle de gravidade e propulsão gravitacional. Apesar de todo o trabalho entusiasmado ao longo das duas décadas seguintes, o projeto foi oficialmente encerrado em 2005, sem nenhuma tecnologia antigravitacional viável no horizonte. Deixando de lado tentativas antigravitacionais, há algumas poucas tecnologias que podem superar a força gravitacional de um objeto em direção à Terra, ou seja, seu peso. Uma relativamente óbvia é através do uso do ar.

Levitação aerodinâmica

Se precisamos fazer uma pena permanecer no ar, podemos simplesmente soprá-la com baforadas de ar por baixo. Geralmente, quanto maior e mais pesada a pena, mais forte a baforada de ar necessária para segurá-la. Entretanto, sua forma e orientação são importantes também. Essa técnica não é muito impressionante, para falar a verdade. Um truque mais impressionante é suspender uma bola de pingue-pongue em uma corrente de ar a partir de um canudo dobrado ou secador de cabelos. A bola de pingue-pongue se mantém em um amortecedor de pressão de ar fornecido pela corrente de ar direcionada para cima, embora a bola não caia dessa corrente de ar como a pena eventualmente cairia. Conforme o fluxo de ar se move em volta da bola de pingue-pongue, ele cria regiões de pressão alta e baixa, que fornece uma força restauradora que mantém a bola nessa corrente de ar e equilibrada em seu próprio peso. Isso vai funcionar mesmo que o fluxo de ar mova-se um pouco para o lado. Se ele se mover muito, no entanto, o peso supera a pressão e a bola cai.

Ao usar uma corrente de ar maior, é possível suspender uma bola de praia, mas essa aplicação não se limita a objetos completamente esféricos. Usando correntes de ar mais poderosas, é possível suspender uma chave de fenda, ovo, lâmpada, tubo de ensaio, e uma garrafa pequena, entre muitas outras coisas.

É até possível manter um humano suspenso no ar, embora isso envolva um processo um pouco diferente.

Quando paraquedistas pulam de aviões, eles estão passando pelo ar. Conforme eles vão caindo mais rápido, a resistência do ar (arrasto) neles aumenta até que equilibre as forças de peso puxando-os para baixo. Com as forças para cima e para baixo em equilíbrio, os paraquedistas não ganham nenhuma velocidade extra e dizem que atingem sua velocidade terminal.

Se ar suficiente é empurrado para cima em uma força igual à da velocidade terminal do paraquedista, então a força para baixo de seu peso será equilibrada pelo arrasto para cima causado pelo ar em movimento. Isso pode resultar no paraquedista ficar suspenso no ar, que é como centros cobertos de paraquedismo funcionam.

Embora objetos grandes e pequenos possam ser levitados usando forças aerodinâmicas, provavelmente não seria muito prático atingir objetos com rajadas fortes de vento para mantê-los suspensos no ar. Eles provavelmente fariam muito barulho e/ou sofreriam danos colaterais. Então, talvez esta próxima técnica de levitação seja melhor?

Levitação acústica

Levitação acústica é um processo que torna possível levantar e mover objetos usando apenas ondas sonoras. Uma onda sonora consiste em áreas de pressão alta e baixa alternadas, onde moléculas foram pressionadas juntas (compressão) ou separadas (rarefação), respectivamente. A distância entre compressões sucessivas ou entre rarefações sucessivas é chamada comprimento de onda, e quantas passam um ponto em cada segundo indica a frequência da onda sonora.

Ondas sonoras podem exercer pressão em superfícies com as quais entrem em contato. Isso é chamado pressão de radiação acústica, ou força de radiação acústica. Se a amplitude (volume) da onda sonora ultrassônica é grande o suficiente, pode carregar energia suficiente para suspender coisas.

Levitação acústica usa um alto-falante ou transdutor para produzir ondas sonoras com frequências acima de 20 mil hertz, conhecidas como ultrassom, porque estão além do limite da audição humana. Como qualquer onda sonora, se essas ondas encontram outras, elas podem interagir e produzir um padrão de ondas que é a combinação das ondas. Se ondas sonoras idênticas viajam em direções opostas quando se encontram, essa interação ou interferência pode resultar em uma onda estacionária.

Em ondas estacionárias, existem pontos que podem variar entre pressões mínimas e máximas, chamadas antinós. E há pontos entre os antinós onde a pressão não varia, chamados nós. Os nós representam áreas estáveis dentro das ondas estacionárias, nas quais objetos podem ser levitados, desde que sejam pequenos e leves o suficiente. Objetos são normalmente limitados ao tamanho de um quarto a metade do comprimento das ondas sonoras, que pode ser de cerca de 17 mm ou menos. Então, objetos maiores que cerca de 4 mm geralmente não podem ser suportados nesse tipo de onda estática ultrassônica.

Usando esse sistema, bolas de poliestireno e gotas d'água foram levitados, assim como formigas, joaninhas e peixes pequenos. Outros sistemas usam múltiplos alto-falantes com fontes sonoras para manipular objetos como pequenas ferramentas, palitos de fósforo e LEDs. Ao controlar a saída de som de cada alto-falante individualmente, os objetos podem ser levitados tanto em regiões estáveis como podem ser movidos, similarmente ao feitiço *Locomotor*.

E que tal levitar uma pena, como Hermione fez em *Harry Potter e a Pedra Filosofal*? Bem, nós apresentamos a pergunta a Asier Marzo, que pesquisa levitação acústica na Universidade de Bristol, no Reino Unido. Ele nunca tinha tentado antes, mas em poucas semanas depois do nosso pedido, enviou um link de um vídeo no qual, sim, uma pena é levitada com sucesso. A pena levitou e se moveu por apenas cerca de um centímetro, mas isso prova que a levitação acústica pode ser usada para produzir efeitos similares ao encanto de levitação.

Levitação diamagnética

Você pode estar familiarizado com o efeito que o magnetismo provoca em materiais contendo ferro. Ferro é conhecido como um material ferromagnético e é fortemente atraído por campos magnéticos. Cobalto e níquel também são ferromagnéticos.

O ferromagnetismo é a forma mais conhecida do magnetismo, mas há outras como paramagnetismo e diamagnetismo. Materiais paramagnéticos têm atração fraca por campos magnéticos externos, enquanto materiais com propriedades diamagnéticas tendem a ser repelidos por um campo magnético externo.

O diamagnetismo age em todos os materiais (não apenas metais), fazendo com que tenham uma repulsão relativamente fraca quando expostos a um campo magnético forte o bastante. Isso pode fazer com que objetos levitem quando estão dentro de campos magnéticos fortes o suficiente, como demonstrado com pequenos sapos, grilos e camundongos.

Ao levitar um sapo, não se trata apenas de aplicar os campos magnéticos mais fortes. Apesar disso poder levitar o sapo, não faria com que ele ficasse flutuando, pois instabilidades podem acontecer rapidamente. Isso porque existe uma zona estável dentro do eixo vertical na qual objetos podem ser levitados. Para alcançar a levitação, os campos magnéticos precisam ser ajustados com uma precisão de alguns pontos percentuais. A teoria corroborando os sapos voadores foi desenvolvida nos anos 1990 pelo professor britânico Michael Berry, um teórico especialista em física quântica matemática.

Entretanto, ainda é um problema criar uma zona estável grande o suficiente para acomodar um ser humano. Você precisaria de um ímã usando cerca de 100 megawatts de força e precisaria ter um espaço central de cerca de 60 cm de diâmetro para levitar um humano. Em comparação, o espaço de levitação experimental (no centro de um ímã supercondutor) usado para levitar um camundongo tinha um diâmetro de 60 mm.

Então, os cientistas podem alguma vez demonstrar o *Wingardium Leviosa*?

A resposta é definitivamente sim. Em uma escala menor, levitação acústica pode ser usada para levitar e manipular objetos, mas é necessário uma matriz de transdutores para emitir as ondas e é limitada a objetos com cerca de 4 mm. Levitação diamagnética melhorou nesse aspecto ao levitar objetos maiores, incluindo animais pequenos; mas apenas dentro de regiões particularmente estáveis e não ainda para objetos maiores. Isso também requer um ímã enorme e poderoso para funcionar. Para objetos maiores, levitação aerodinâmica é a opção mais capaz, mas isso depende de um forte jato de ar, o que é, mais uma vez, inconveniente. Em todo caso, levitação é uma coisa real e uma área de pesquisa muito ativa.

QUÃO PERIGOSA É UMA VASSOURA VOADORA?

Em matéria de transporte personalizado, os trouxas já se resolveram. Nós temos skates, patins, segways (diciclos), bicicletas, motocicletas, carros, ultraleves e mesmo mochilas a jato. Apesar de toda essa variedade, nós ainda não optamos por um modo de transporte que remotamente lembre algo parecido com uma vassoura. O que não é exatamente surpreendente, considerando que elas se assemelham a andar em uma bicicleta sem guidão, espigão e selim.

À primeira vista, você pode pensar que pilotar uma vassoura é um dos aspectos mais desconfortáveis de um regime de bruxos. Nem tanto. Para evitar problemas posteriores, eles usam um encanto de estofamento, que essencialmente fornece um substituto mágico para um banco.

Entretanto, essa solução pode não ter caído bem com as versões trouxas das bruxas, que, diziam, montavam suas vassouras de forma a administrar poções psicoativas via suas partes privadas. Ao invés de voar sob influência, essas bruxas estariam voando por causa da influência. Deixando de lado os pensamentos sobre feridas de sela e bruxas doidonas, quais perigos, se existentes, as vassouras apresentam como um modo de transporte cotidiano?

Voo de fantasia

A noção de que bruxas voavam em vassouras tem mais de 500 anos. Elas nem sempre foram retratadas como voando com as cerdas atrás delas. Algumas bruxas voavam com as cerdas para a frente, como se estivessem usando cavalinhos de pau. Apenas para esclarecer as coisas desde o princípio, uma vassoura comum não pode ser usada para transportar uma pessoa pelo ar. Nada na sua forma, materiais ou design dão a impressão de que uma vassoura poderia ser um bom dispositivo voador.

Vassouras tradicionais, chamadas *besoms*, consistiam em um cabo de madeira resistente com um ramo de galhos presos para varrer. Esses galhos eram normalmente obtidos de um arbusto chamado giesta (*Cytisus scoparius* – em inglês, *broom*, mesma palavra usada para vassoura). Naquela época, os galhos de giesta eram dispostos em uma forma cônica; mas, por volta de 1800, galhos de sorgo, também chamado milho de vassoura (*Sorghum bicolor*), se tornaram populares, especialmente nos Estados Unidos. Esses tendiam a adotar a forma de um cone achatado.

Em *Harry Potter*, as caudas das vassouras são feitas de galhos de árvores como bétula ou aveleira. No site *Pottermore*, de J.K. Rowling, é dito que "a bétula tem a fama de dar mais 'glamour' em subidas elevadas, enquanto a aveleira é favorita daqueles que preferem direção sensível". Uma aparentemente fornece mais força enquanto a outra dá uma direção mais responsiva. Usando tecnologia trouxa, as únicas máquinas longas e finas capazes desses atributos são mísseis e foguetes.

Um foguete é propulsionado pela queima de combustível com oxigênio no seu motor. Os gases aquecidos que são criados são exauridos pela cauda do foguete. Como os gases são ejetados por trás, eles empurram o foguete no que é chamado reação igual e oposta.

Isso propele o foguete para frente. Uma vassoura propulsionada por um foguete não seria o melhor veículo, no entanto. Ela não poderia voar horizontalmente com o peso de uma pessoa, a não ser que sua elevação fosse gerada de outra forma. E também viajaria a velocidades vertiginosas, cuspindo labaredas incandescentes por trás. Definitivamente um risco à segurança.

Uma vassoura top de linha, a Firebolt, é descrita como "Uma vassoura de corrida fabricada com tecnologia de ponta. A Firebolt tem um equilíbrio insuperável e precisão absoluta. Perfeição aerodinâmica". Também dizem que vai de 0 a 240 km/h em 10 segundos, que é por volta da mesma aceleração de uma motocicleta BMW S1000RR.

Em altas velocidades, motociclistas se abaixam para oferecerem uma forma menor ao ar, e portanto reduzir a resistência aerodinâmica, ou arrasto, no seu corpo. Isso provavelmente seria necessário em uma vassoura também, onde o piloto parece estar completamente exposto ao ar vindo na direção contrária. De fato, em comparação ao arrasto já presente no piloto, a forma ou aerodinâmica da vassoura não fariam muita diferença, a não ser que exista um encanto que ajude a proteger o piloto de quaisquer efeitos aerodinâmicos indesejáveis.

Um equivalente não mágico desse escudo pode ser visto em motos, onde os pilotos têm um para-brisa aerodinâmico onde eles podem se abaixar atrás conforme alcançam velocidades significativas. Para segurança adicional, eles também se vestem da cabeça aos pés com equipamento de proteção, algo que parece estar presente apenas parcialmente nos jogadores de Quadribol.

Mantendo-se em cima das coisas

Qualquer um que tenha tentado andar de bicicleta sabe que a primeira coisa que você tem que aprender é como ficar em cima dela.

Só sentar não é o suficiente, uma bicicleta só pode ficar em pé se estiver em movimento ou se quem está nela for particularmente habilidoso em se equilibrar. Entretanto, o chão oferece alguma sustentação e o ciclista só tem que abaixar o pé para impedir a bicicleta de tombar para a esquerda ou para a direita, pois bicicletas não têm estabilidade lateral. Mas e uma vassoura?

A principal diferença é que a vassoura aparenta estar suspensa no ar, livre para girar em todas as direções. Ela pode girar para a esquerda e para a direita (chamada guinada), para cima e para baixo (chamado ângulo), ou rolar para a esquerda e para a direita. Sem nada para apoiá-la, a vassoura seria bastante instável, exigindo muita habilidade de equilíbrio do piloto. Mas, vendo como Neville Longbottom foi capaz de manter o equilíbrio na sua primeira volta na vassoura (com certeza, foi uma experiência perigosa), deve haver algo inerente na vassoura para auxiliar no equilíbrio, como um encanto em particular ou outro efeito mágico. Por exemplo, a vassoura Firebolt é descrita como tendo "ornamentos de ferro feitos por duendes (incluindo apoio dos pés, suporte e faixas dos galhos) [...] o que parece conferir à Firebolt estabilidade adicional e potência em condições climáticas adversas".

Porém, estabilidade embutida não é apenas uma invenção mágica. Trouxas têm construído uma variedade de máquinas com essa habilidade, mas em vez de encanto mágico, trouxas fizeram uso de programas de computador. Um excelente exemplo é o dispositivo de transporte pessoal chamado Segway, que tem a capacidade de manter-se equilibrado com ou sem o piloto. Ele faz isso com a ajuda de uma programação incorporada nos seus componentes. Praticamente magia científica.

Então, de certa forma, a vassoura pode se assemelhar às tecnologias presentes nas bicicletas e segways. A vassoura é montada de maneira semelhante a uma bicicleta, mas tendo a capacidade de manter-se na vertical e equilibrada, como um diciclo. No entanto, apesar de qualquer estabilidade embutida, ainda é necessário que os pilotos se mantenham equilibrados no veículo enquanto estão em trânsito. Quaisquer lombadas, buracos, ou mudanças bruscas de velocidade ou direção podem jogar o piloto para fora da sua montaria, especialmente em altas velocidades. E claro, também há a possibilidade de que seu veículo possa ser sabotado ou "azarado".

O que de pior poderia acontecer?

As consequências de perder o controle geralmente se tornam mais severas em velocidades altas. Se você não é diretamente ferido em uma colisão de alta velocidade com uma pessoa, parede, ou balaço desgarrado, o impacto resultante com o chão certamente lhe dará algo para considerar. Se bem que, como diz o ditado, não é a queda que vai lhe matar. É a parada repentina.

Para trouxas, veículos pessoais não apenas trazem um risco para a pessoa que os está conduzindo. Por exemplo, em 2015, 70 mil pedestres foram feridos e 5.376 perderam suas vidas nos EUA como resultado de batidas de veículos motorizados. E na Grã-Bretanha, de 2011 a 2015, ciclistas estiveram envolvidos em aproximadamente 1% das fatalidades de pedestres. É importante lembrar que quase todos os veículos podem se tornar armas perigosas quando estão contra a vulnerabilidade do corpo humano. Novamente, quanto mais rápido ou maior o veículo, mais possivelmente ameaçadoras à vida as consequências podem ser.

Certamente uma vassoura não causaria um grande dano, no entanto. Quais perigos específicos elas podem oferecer? Bem, mantendo-nos bem longe de lendas urbanas sobre mortes por vassouras, há um caso de 1888 em Gales do Sul, Reino Unido. Ele envolveu uma discussão entre duas senhoras em que uma vassoura foi jogada num ataque de raiva, matando instantaneamente a vítima. A autópsia determinou que ela sofreu uma fratura na base do crânio. A agressora foi subsequentemente considerada culpada de "jogar uma vassoura com provocação".

Aí, em 1901, em Los Angeles, uma menina jovem foi empalada por uma vassoura. Ela estava brincando em um monte de feno com alguns amigos e caiu em uma vassoura virada para cima, e acabou com quase 30 cm dela penetrado em seu abdômen. O relatório disse que o acidente provavelmente causaria a morte dela, mas independentemente do resultado, apenas mostra quão perigosa pode ser uma vassoura.

Visto dessa forma, um jogo de Quadribol poderia ser fatal, embora J.K. Rowling afirmou que as pessoas raramente morrem ao jogar o jogo. Há uma parte em *Harry Potter e a Câmara Secreta* onde Harry Potter é perseguido por um "balaço desgarrado". Na versão do filme, nós vimos ele se precipitando através da multidão que gritava enquanto se abaixavam para sair do caminho. A julgar pelo dano que uma vassoura pode causar quando alguém cai nela, o resultado possível dessa perseguição poderia ter sido catastrófico.

Com tudo isso dito, bruxos têm feitiços poderosos que podem curar instantaneamente muitas feridas lamentáveis. No mundo dos trouxas, médicos são igualmente brilhantes embora a cura leve muito mais tempo. Um homem teve uma vassoura perfurando através de sua bochecha e entrando em sua clavícula. Embora com cicatrizes, ele está atualmente vivo, bem, e narrando alegremente sua história.

Perigo?

Então, supondo que trouxas pudessem fazer uma vassoura voar, nós teríamos que assegurar que o método de propulsão não fosse um perigo por si só. Por exemplo, foguetes são proibidos. E, independentemente de qualquer estabilidade interna possível, o piloto necessitaria de uma boa habilidade para se equilibrar no cabo, incluindo uma boa pegada para evitar cair para a morte. Resistência do ar também seria uma batalha, então ele precisaria adotar uma boa postura aerodinâmica para parecer mais eficiente quando estivesse viajando em alta velocidade.

No caso de perder controle da vassoura, seria necessário contar com medidas de segurança estabelecidas para proteger qualquer um de ser empalado por ela. Isto poderia ser algo como uma armadura para todo mundo na proximidade (como os espectadores em uma partida de Quadribol). Melhor ainda, deveria haver um dispositivo de emergência para parar automaticamente a vassoura no caso de o piloto perder o controle por algum motivo, ou se cair da vassoura. De qualquer forma, parece que vassouras voadoras poderiam ser bem perigosas.

É algo para pensar se você recebeu alguma vez um assento na primeira fila para uma partida de Quadribol.

OS TROUXAS PODEM FAZER UM CARRO VOADOR?

Você está sentado com um amigo perto da Torre do Correio em Londres, aproveitando um dia relaxante na cidade. É um dia perfeito, o céu está azul, você então vê um lampejo. Você imagina que é um avião voando baixo, mas espere. Não é um avião. Isso parece mais um carro antigo!

Chocado, você vira para os seus amigos, exclamando: "Cara! Tem um carro voando!".

Mas quando eles olham para cima, ele desapareceu misteriosamente. Eles não acreditam em você e sugerem que você tenha uma conversa com o Departamento de Substâncias Intoxicantes. Mas você está certo do que viu e está determinado a se aprofundar. Então, na ausência de uma explicação mágica, você pega o telefone e vê o que a internet tem a dizer sobre o assunto.

Carros que voam

Os primeiros carros de verdade eram veículos pesados, movidos a vapor. Isso mudou em 1807, quando os primeiros motores de combustão interna surgiram. Atualmente, esses motores ainda são a fonte de energia mais amplamente usada para carros. Em 1903, quase um século depois do primeiro motor de combustão, os irmãos Wright famosamente subiram ao céu para demonstrar com sucesso o voo com motor.

Quinze anos após a conquista dos irmãos Wright, um homem chamado Glen Curtiss desenvolveu o Autoplano Curtiss. Ele era essencialmente as asas de um triplano, presas no corpo de um carro, juntamente com uma cauda e uma hélice montada na traseira. Esse poderia ter sido o primeiro carro voador conhecido do mundo, isso se voasse de verdade. Aparentemente, só conseguiu uns pulos curtos antes que a Primeira Guerra Mundial prevalecesse.

Desde então, existiram muitos veículos desse tipo bem-sucedidos, conhecidos como carros voadores. Alguns deles foram modelados em aviões que, ao pousar, podiam destacar as asas, a hélice e a cauda para se tornarem um veículo rodoviário. Outros eram basicamente carros que poderiam ter componentes de voo adicionados para transformá-los em aeronaves. Se você visse um desses voando pelos céus, as únicas palavras que você poderia justificadamente usar para descrever seriam "Olhem, é um carro voador!". Se tiver alguma dúvida a esse respeito, confira o ConvAirCar, que voou na metade dos anos 1940, ou o AVE Mizar, cujo inventor infelizmente morreu depois de uma queda em 1973.

Houve alguns acidentes relacionados ao voo no percurso para os carros voadores. Vinte anos antes, Leyland Bryan, o designer do Autoplano Bryan, morreu depois que parte das asas de um dos seus veículos não foi segura apropriadamente para voar. Esse carro voador em particular era diferente, pois suas asas podiam ser dobradas para viagens terrestres, economizando espaço e eliminando a dependência de um hangar para guardar seus componentes de voo. Felizmente para Harry Potter e os Weasley, o Ford Anglia não tinha nenhuma parte das asas que pudessem dar defeito, pois voava por outros meios, embora Harry cair de uma porta destrancada poderia ser tão perigoso quanto.

Em uma asa e uma oração

Apesar dos possíveis perigos, inventores trouxas não desistiram. Hoje em dia, os mais promissores candidatos a carros voadores são apenas versões mais sofisticadas das tentativas de meados do século XX. Por exemplo, o Terrafugia tem asas que se dobram nos lados, semelhantes ao Autoplano Bryan, enquanto o novo Aeromobil usa asas que se dobram ao longo do seu comprimento, mas que se guardam como as asas de uma vespa.

O que os veículos citados antes têm em comum é o uso de asas para conseguir levantar voo. Esse era e ainda é o meio mais comum de fazer um veículo motorizado voar. Entretanto, o problema com as asas é que elas precisam de uma certa extensão de pista para decolar e aterrissar e também de uma estrada larga o suficiente para acomodar a envergadura das asas.

Para a decolagem, o veículo voador precisa manter uma certa velocidade, conhecida como velocidade de decolagem. O veículo precisa de uma certa distância para acelerar de um ponto parado até a velocidade de decolagem. Nessa velocidade de decolagem, o ar se movendo acima das asas pode gerar uma força de sustentação suficiente para superar o peso do veículo, fazendo com que a nave se erga no ar.

Entretanto, uma vez suspenso, um carro voador não pode mais usar suas rodas para manter seu impulso para frente, então o veículo deve mudar para uma fonte alternativa de propulsão. É por isso que eles quase sempre possuem hélices. Se o veículo desacelerar, suas asas vão produzir menos sustentação, mas se desacelerar demais, a sustentação produzida não será mais capaz de suportar o peso do veículo. Simplificando, o veículo retornará para a Terra, seja planando ou caindo.

Se os irmãos Weasley tivessem optado por uma abordagem menos mágica e tivessem adquirido um Ford Anglia voador com asas, o resgate de Harry dos Dursley teria sido muito diferente. Primeiro, eles com certeza não poderiam ter pairado do lado de fora da janela de Harry daquela maneira. Apesar de que tenho certeza de que existem leis contra aquele tipo de coisa. Segundo, eles teriam que ter pousado na rua em frente à casa, presumindo que seria larga o suficiente para caber as asas sem danificar carros estacionados, postes ou a incrível topiaria dos vizinhos.

Portanto, embora as asas funcionem, ainda têm suas desvantagens. O que queremos é um carro voador que possa pairar no ar, e os melhores candidatos para isso são as aeronaves de decolagem e aterrissagem vertical (VTOL, na sigla em inglês).

VTOL

Helicópteros são as aeronaves VTOL mais conhecidas, mas não são muito bons para viagens ao longo de ruas ou para pairar do lado de fora de uma fileira de casas geminadas, especialmente com suas perigosas pás abertas. Dessa forma, mais atenção foi focada em veículos com pás contidas, na forma de ventiladores carenados ou hélices.

Ventiladores carenados são basicamente ventiladores dentro de uma seção cilíndrica, ou duto. Eles podem fornecer tanto sustentação quanto propulsão ao alterar seu ângulo diretamente ou usando pás parecidas com flaps para redirecionar o sentido do ar saindo da hélice. Também podem ser mais silenciosos, seguros e eficientes do que ventiladores carenados a velocidades menores, mantendo uma relação impulso-peso mais alta. Isso é útil para o projeto de aeronaves em que um dos principais objetivos é a redução de peso sem limitar o desempenho.

Um exemplo de aeronave que usa essa tecnologia é o Moller M400 Skycar de aparência futurista. O M400 só voou enquanto estava preso a um guindaste, por motivos de segurança e, mesmo assim, não tinha um piloto a bordo, mas era operado por controle remoto. Uma questão importante foi a estabilidade da aeronave, mas a empresa atualmente está se concentrando em seus outros veículos voadores. Seu designer, Paul Moller, espera que no futuro veículos como o M400 possam ser usados em situações de resgate. Por exemplo, eles poderiam parar ao lado de um prédio para permitir que uma pessoa em perigo (ou presa em um quarto) subisse a bordo e fosse transportada para um lugar seguro.

Então, carros pessoais voadores VTOL existem *de verdade* – pelo menos em forma de protótipos. Mas, para se tornarem veículos comerciais, primeiro precisam conseguir a certificação necessária, obtida da Administração Federal de Aviação dos EUA (FAA), cuja missão declarada é fornecer o sistema aeroespacial mais seguro e eficiente do mundo.

Rony, o Rebelde

Em todo o mundo, os trouxas desenvolveram regulamentos rígidos de transporte que devem ser respeitados pelos fabricantes de veículos. No que diz respeito ao voo, esses regulamentos são controlados pelas autoridades nacionais de aviação, como a Autoridade de Aviação Civil (CAA) no Reino Unido ou a Administração Federal de Aviação (FAA) nos EUA. A presença dessas organizações ajuda a garantir níveis consistentes de segurança e proteção ao consumidor.

Uma esperança para carros voadores é que eles possam um dia se tornar uma forma de transporte tão comum quanto carros ou ônibus são hoje. É relativamente fácil obter licenças para esses modos de transporte, considerando que em 2014 havia 45,5 milhões de carteiras de motorista ativas na Grã-Bretanha. No entanto, para usar um carro voador, você precisaria de uma licença de piloto, o que exige um investimento maior de tempo e dinheiro.

Embora Rony pense que é uma boa ideia levar o Ford Anglia 105E de seu pai para passear, ele está violando as leis trouxas ao dirigir abaixo da idade permitida e sem a devida licença. Sem mencionar colocando sua vida e a de Harry em risco ao fazer uma (*aham*) parada de emergência no Salgueiro Lutador. Mas, de qualquer maneira, uma licença não garante segurança total. Embora sejam necessárias licenças para voar e dirigir, os acidentes ainda são inevitáveis, seja por erro humano, erro tecnológico ou por um ato de Deus (se não um ato de magia).

Para superar a possibilidade de erro humano e a necessidade de os proprietários de carros voadores terem um certificado de piloto particular, veículos autônomos são uma opção desejável. Google, Uber e Tesla são algumas das empresas que impulsionam essa tecnologia, que, uma vez estabelecida, sem dúvida se tornaria um recurso necessário para qualquer rede de carros voadores futura. Isso também deixaria espaço para um carro voador viajar sem um piloto a bordo, semelhante ao 105E depois de ejetar Harry e Rony, ou quando ele os resgata. Então, aqui, a tecnologia está reproduzindo algo que normalmente só faria sentido em um mundo mágico.

Conclusão

Rápido estudo finalizado. Você pode guardar o celular e avaliar as opções do que você acabou de ver. Não havia asas ou hélices visíveis, e se usava ventiladores carenados, devia estar operando um tipo silencioso e inédito. Nesse ponto, a conclusão experimental de um objeto voador não identificado (OVNI) teria funcionado.

A diferença é que sua pesquisa online por carros com aparência semelhante já o identificou como um possível Ford Anglia 105E dos anos 1960.

Lembrando-se de relatórios recentes e rumores de acontecimentos estranhos localmente, você conclui que deve haver algo ainda desconhecido para a ciência trouxa, ou talvez seu amigo estivesse certo sobre as substâncias intoxicantes e você precisa maneirar na cerveja amanteigada.

Em ambos os casos, os carros voadores realmente existem, mas há muitos obstáculos a serem superados antes que possam partir de nossas garagens. Os principais problemas incluem encontrar um veículo voador que esteja em conformidade com a legislação e seja considerado utilizável tanto em rodovias como no ar, além da existência de uma infraestrutura nacional para atender às necessidades de automóveis voadores, como decolagem, estacionamento e controle de tráfego aéreo. Também há a possibilidade de que você estivesse procurando no lugar errado. Talvez a Floresta Proibida teria sido um lugar melhor.

A CIÊNCIA PODERIA DESENVOLVER O OLHO-TONTO DE MOODY?

Em quem você votaria para o bruxo mais durão? Além de Dumbledore, Voldemort e Snape, naturalmente. Sirius Black, talvez? Sirius, o animago, parecia um cruzamento de Ozzy Osbourne e o *Drácula* de Francis Ford Coppola (também interpretado por Gary Oldman). Ou talvez seja Gellert Grindel-wald, o brilhantemente talentoso portador da (brilhantemente chamada!) Varinha das Varinhas, e conhecido como o Segundo Bruxo das Trevas Mais Poderoso de Todos os Tempos. Isso é que é um título. Ou talvez a sua escolha entre a elite bruxa seja Alastor Olho-Tonto Moody.

Considerado por muitos como o Auror mais poderoso de todos os tempos, Olho-Tonto era um mestre da magia, tanto ofensiva quanto defensiva. Na primeira guerra bruxa e em sua sequência imediata, lutou e derrotou dezenas de terríveis Comensais da Morte. E Voldemort considerou Olho-Tonto um inimigo tão mortal que ele o tornou seu alvo principal, dentre todos os talentosos bruxos e bruxas que protegiam Harry durante a Batalha dos Sete Potters.

Mas Moody era mais famoso, é claro, por seu olho mágico. Uma prótese mágica que substituiu um olho perdido na batalha, tratava-se de uma esfera de um azul-elétrico que ficava na órbita vazia. O olho era capaz de girar 360 graus na cabeça de Moody, e permitia que ele visse através de qualquer coisa, fosse madeira, capas da invisibilidade ou mesmo através da sua própria cabeça maluca. De fato, o olho parece ter sido feito apenas para Moody, pois após Bartô Crouch Jr. tê-lo usado, o olho ficava travado no meio do giro. Mas qual era a gama completa de funções do olho? Na versão cinematográfica de *O Cálice de Fogo*, o olho era visto como tendo uma função de zoom. E o fato de que o olho era poderoso o suficiente para enxergar através da Capa da Invisibilidade, uma das Relíquias da Morte, sugere que ele pode ter sido um artefato de fato muito raro. A capa, segundo a lenda, concedia ao dono verdadeira invisibilidade. Como a origem do olho nunca foi conhecida, é possível que o olho fosse um artefato antigo e muito poderoso, equiparando-se com as Relíquias da Morte, senão em fama ou *status* mítico, certamente em poder.

O Olho-Tonto trouxa

Então, quais as chances de um Olho-Tonto trouxa? Já vivemos em uma época em que a tecnologia trouxa pode ajudar a restaurar a visão dos cegos. A ciência é suficientemente simples. A tecnologia funciona com uma combinação de uma câmera externa montada em um olho de vidro com um implante complexo na retina. A câmera com um microchip interpreta o que vê e, por uma transmissão sem fio, envia os dados visuais ao implante, que abriga 60 eletrodos para alimentar as informações para o nervo óptico, o nervo que discerne luz, forma e movimento. A visão resultante não é exatamente a mesma que a visão normal. O trouxa veria contraste, e as bordas das coisas, mas apenas em preto e branco. As células danificadas nos olhos desativam a capacidade natural de ver luz e cor. Mas, com o uso, o cérebro pode aprender a entender os sinais e a convertê-los em imagens. Os usuários podem ler livros, atravessar a rua, ou ver imagens de seus filhos pela primeira vez em anos. Não apenas isso, mas estudiosos de todo o mundo estão trabalhando para aprimorar o que eles chamam de sistema de prótese retiniana, ou um Olho-Tonto trouxa. A próxima geração de olhos poderá ver as cores, usando algoritmos aprimorados que medem os dados dos eletrodos, e o dispositivo fornecerá imagens mais nítidas, permitindo o tipo de foco visual que você obtém nas telas dos computadores, que pode alterar a resolução e o brilho. Novos modelos de olho trouxa têm mais eletrodos, o que significa melhor resolução, e muitos pesquisadores de olho preveem um olho sintético em pleno funcionamento no mercado até o final de 2020.

A próxima grande novidade na tecnologia dos olhos será ignorar o olho e ir direto para o cérebro. Essa revolução na tecnologia, na qual os implantes ignoram a camada da retina e vão diretamente para a região visual do cérebro, pode significar um grande avanço para milhões de trouxas com deficiência visual. A nova tecnologia ocular pode não ser capaz de enxergar através da madeira, de capas da invisibilidade ou da nuca do trouxa, mas o dispositivo pode permitir um tipo de habilidade sobre-humana, incluindo a visão telescópica, assim como o zoom no olho de Moody.

Os cérebros trouxas podem ser ensinados a interpretar as poderosas funções de zoom das câmeras. E isso significa que os usuários desses olhos poderiam aprender a ver muito mais perto ou mais longe do que o olho humano normal. Mas isso fica ainda mais biônico. O olho trouxa poderia ser capaz de ver mais do espectro eletromagnético. Isso incluiria não apenas a região visível à qual estamos acostumados (do vermelho, passando pelo laranja, amarelo, verde, azul e índigo, até o violeta), mas também o infravermelho. E isso significaria um olho capaz de detectar calor, a capacidade de detectar alguns gases e, sim, a capacidade de ver através dos objetos!

Assim, no futuro, os trouxas podem se parecer um pouco com ciborgues ou laboratórios de ciências ambulantes. Através do olho prostético, podemos ter disponível toda uma gama de aplicativos e dispositivos. Um aplicativo de visão de raio-X pode permitir que recrutas militares trouxas detectem minas terrestres no campo de batalha. Os pais corujas podem ter um aplicativo ocular que lhes permita detectar gases tóxicos nos quartos dos filhos, de maneira semelhante à que os alarmes de monóxido de carbono funcionam.

O olho trouxa pode até ir além da magia do olho de Moody. Como as imagens seriam projetadas diretamente nas áreas visuais do cérebro trouxa, poderíamos ver coisas que nunca imaginamos. Poderíamos visualizar os milhões de micróbios rastejantes que vivem no corpo humano. Como o olho nunca vai dormir, ele pode ser configurado para nos proteger a qualquer hora do dia e acordá-lo à noite se o perigo aparecer ou uma luz surgir do lado de fora. Como o olho trouxa seria habilitado para Wi-Fi, o usuário poderia registrar sua vida cotidiana e transmiti-la diretamente pela internet. Oh-oh. E seu filme ou programa de TV favorito pode ser transmitido diretamente para o seu cérebro.

Atualmente, o olho trouxa vê cerca de 1% do espectro eletromagnético. Isso não é muito desse grande e velho universo, quando você pensa a respeito. Mas, em um futuro em que os corpos trouxas sejam aprimorados por um dispositivo como o olho, nossa experiência com o cosmos será totalmente transformada.

QUANDO OS TROUXAS VÃO DESENVOLVER RETRATOS EM MOVIMENTO?

"Nós não descobrimos nada", Pablo Picasso disse uma vez sobre arte moderna. O grande pintor espanhol, e coinventor da colagem, estava falando em 1940 ao sair das recém-descobertas cavernas Lascaux na Dordonha. Análise de isótopos de carbono do carvão usado nas pinturas de cavalos em Chauvet, no centro-sul da França, mostrou que a arte rupestre tinha pelo menos 30 mil anos, uma descoberta que instigou Picasso a notoriamente repensar o progresso da arte. Como as pinturas de cavalos eram tão artísticas e complexas como as pinturas mais recentes em Lascaux, isso foi sinal de que a arte foi desenvolvida muito mais cedo do que se havia imaginado. A arte rupestre encontrada em partes da França e da Espanha mostrou que o homem pré-histórico era um artista notavelmente talentoso.

Mas talvez Picasso mudasse de ideia se ele tivesse visto retratos mágicos. Retratos mágicos podiam andar e falar. As pessoas retratadas neles podiam até mover-se de retrato a retrato. Uma boa arte de retratos trouxa depende do carisma do modelo e da habilidade do pintor em fazer esse retrato nascer. Mas retratos mágicos levaram isso a uma nova dimensão – eles realmente se moviam e se comportavam como seus retratados. E a extensão com que o retrato mágico interage com o espectador depende muito não do talento do artista, mas do poder da pessoa mágica retratada.

Arte trouxa é feita para capturar a essência do modelo – arte mágica levou isso a um novo patamar. Quando um retrato mágico era feito, um pouco da essência do modelo, talvez suas frases favoritas e sua conduta definitiva, era capturada para assegurar que a pintura fosse uma representação verdadeira. Veja o retrato de Sir Cadogan, que estava sempre desafiando o espectador a uma luta, ou que estava sempre caindo de seu cavalo. Ou o retrato da Mulher Gorda na entrada para a Torre de Grifinória, sempre adorando boa comida, bebida e a mais alta segurança, bem depois que a Mulher Gorda faleceu e entrou para a história da magia.

A ideia de retratos mágicos foi engenhosamente alterada para servir à trama. Em *O Cálice de Fogo*, que começa com uma fofoca em uma taverna local, as pessoas nos retratos realmente se movem de um retrato a outro, brincando de telefone sem fio com o assunto mais recente. Em tempos mais festivos, quando o vinho fluía e a vida era fácil, os retratados ficaram um pouco embriagados. E, depois que Hogwarts teve uma faxina de primavera, os retratos reclamaram sobre a limpeza e resmungaram sobre suas peles parecerem terem sido esfoladas. Os retratos mágicos se tornaram marcas de presságios ameaçadores também. Em *O Prisioneiro de Azkaban*, a Mulher Gorda se tornou um foco da trama quando cortes de faca foram encontrados em seu retrato.

E mesmo assim retratos mágicos têm certos limites de espaço e tempo. Poucos retratos foram capazes de uma análise profunda dos aspectos mais intricados de suas vidas. Os retratos eram meras representações bidimensionais do bruxo ou bruxa modelo, como vistos pelo artista. E, apesar disso, retratos mágicos raros eram capazes de muito mais. Eles podiam permitir muito mais interação com eventos que estavam acontecendo no mundo dos vivos.

Considere, por exemplo, os retratos dos diretores, ou diretoras, de Hogwarts, pintados antes de sua morte. Uma vez que o retrato era feito, o diretor em questão podia guardar o retrato e regularmente visitá-lo, instruindo a pintura interativa sobre como agir e se comportar como ele mesmo ou ela mesma. Fazendo isso, os diretores transferiam muitos entendimentos, muito conhecimento e muitas memórias úteis que podiam ajudar futuros sucessores no mesmo cargo. A variedade e profundidade de sabedoria guardada no escritório do diretor era, portanto, enorme. Aqueles que aceitaram a impressão superficial do escritório como sonolenta e inativa estavam perdendo o foco vital da própria presença dos retratos mágicos.

Mas que progresso foi feito em relação a retratos em movimento no mundo dos trouxas? Ou Picasso está correto quando sugere que não descobrimos essencialmente nada nos últimos 30 mil anos desde o tempo dos retratos rupestres?

O retrato trouxa em movimento

Imagine alguns dos maiores momentos capturados em um retrato trouxa em movimento. O maior gol de todos os tempos no futebol, de Diego Maradona, por exemplo. Alguns segundos realmente fabulosos da Copa do Mundo de 1986 quando Maradona faz uma pirueta em 180 graus, passa primorosamente por jogador atrás de jogador, desliza para a área do pênalti, dribla o goleiro, e desliza habilmente a bola sobre a linha e para dentro da rede ondulante.

Ou talvez um retrato em movimento de uma das maiores obras de arte de todos os tempos – *O jardim das delícias terrenas*.

Um tríptico pintado pelo mestre holandês Hieronymus Bosch entre 1490 e 1510, a pintura está entre as mais intricadas e enigmáticas da história ocidental, cheia de iconografias e simbolismos que geraram debates por séculos.

A obra-prima de Bosch é um mundo inventado misterioso, cheio de detalhes estranhos e assustadores. Esse retrato imponente inclui um homem com um corpo de árvore, que observa, do inferno, pássaros gigantes derrubando frutas nas bocas de pessoas nuas, criaturas rastejantes invadindo o paraíso e um pássaro-diabo que devora um homem inteiro. Qual é o significado de tudo isso, na mais famosa das pinturas? Talvez o céu e o inferno não sejam os destinos de sua alma, mas estados de ser que vivem dentro de você – ninguém sabe ao certo. Mas um retrato trouxa em movimento de *O jardim das delícias terrenas* poderia ser questionado sobre seu significado.

E nós poderíamos desenvolver retratos em movimento de momentos famosos da História. A autoimolação do monge budista Thich Quang Duc em 1963, talvez, que ateou fogo a si mesmo em protesto contra a perseguição de budistas feita pelo governo do sul do Vietnã. Ou talvez a pegada do astronauta Neil Armstrong na superfície da Lua. Um feito que teria gerado gozação apenas algumas décadas antes, uma conquista histórica de todas as nações humanas no espaço significou que, não importa o que aconteça com os humanos no futuro deste planeta, a pegada dele permanecerá.

Mas como um retrato trouxa em movimento seria feito? Há, claro, o GIF. Os GIFs têm se movimentado através de milhares de páginas da internet, flutuado em inúmeros perfis de Facebook, e transformado incontáveis Tumblrs integrados. Os GIFs podem ser vistos em propaganda animada, assinaturas de e-mail, e em avatares de mídias sociais. Resumindo, GIFs estão em todos os lugares. O acrônimo "GIF" significa *"graphics interchange format"* (formato gráfico intercambiável). O formato de imagem foi criado para um espaço digital que estava começando a crescer. Desenvolvido por Steve Wilhite da Compuserve em junho de 1987, o GIF começou como transferências de imagem preto e branco, depois seguindo para 256 cores, ao mesmo tempo em que mantinha um formato de compressão que as velocidades baixas de internet daquela época podiam suportar facilmente. Hoje, ao que parece, as pessoas estão fascinadas pelo GIF, já que se tornou imprescindível na web, uma marca padrão do humor na internet, e essencial para vídeos virais do YouTube.

Mas os GIFs podem ser transferidos para os jornais trouxas, como os retratos mágicos nos jornais do mundo dos bruxos como o *Profeta Diário* e *O Fantasma de Nova York*? A revista britânica *Empire* diz que se inspirou no mundo dos bruxos e produziu a primeira capa com imagens em movimento do mundo. A revista publicou a imagem em uma edição limitada em celebração ao lançamento do filme derivado de Potter, *Animais Fantásticos e Onde Habitam*. A capa da edição limitada parecia algo como um jornal encantado, e usou como modelo o jornal *O Fantasma de Nova York* da história de *Animais Fantásticos*.

As imagens da *Empire* se movem, com dois retratos dessa maneira incluídos na capa da revista. A tecnologia escondida na capa da revista (uma camada dupla de papel cartão e uma tela de vídeo embutida) permitiu interação com o leitor ao trazer uma opção de apertar o botão "Play" nos retratos. Embaixo do papel cartão havia os microchips e placas de circuito necessários, fazendo com que os retratos ganhassem vida ao apertar um botão. Os retratos em questão eram um clipe exclusivo de bastidores de *Animais Fantásticos*, e outro mostrando o trailer do filme. Pode não ser ainda a versão trouxa artificialmente inteligente de um retrato mágico, mas é um começo.

COMO VOCÊ PODERIA FAZER SEU PRÓPRIO MAPA DO MAROTO PARA MATAR AULA?

Imagine-se em uma tarde chuvosa de quarta-feira. Você está preso em uma aula dupla da matéria que menos gosta. Não precisa entrar em pânico. Um plano astuto está em andamento. E envolve um mapa mágico. Do lado de fora do seu tutorial de tortura há uma rede bizantina de salas de aula e corredores. Sua missão, caso você decida aceitá-la, é gerenciar esse caos kafkiano e escapar para o revigorante brilho do sol, além da guarda e da vigilância dos limites da escola. Mas espere, o que exatamente esse mapa mágico faz?

No universo de *Harry Potter*, um documento mágico como esse era conhecido como o Mapa do Maroto. Com esse mapa, um esboço intricado da arquitetura por vezes subterrânea, erguendo-se sete andares, de cento e quarenta e duas escadas, com torres, torreões e um calabouço profundo da Escola de Magia e Bruxaria de Hogwarts era conjurado.

O mapa era um olho que tudo vê do coração fundo e escuro do castelo medieval. O mapa espiava todas as salas de aula, todos os corredores e cada canto esquisito do castelo. O terreno do castelo também ficava sob os olhos do mapa, assim como todos os corredores clandestinos escondidos entre suas paredes. Nem bruxas e bruxos escapavam de seu alcance. Cada um era indicado no mapa por um grupo de pegadas animado e por uma legenda em formato de pergaminho. O Mapa do Maroto não era enganado pela capa da invisibilidade de Harry, por animagos, ou pelas Poções Polissuco. Até os fantasmas de Hogwarts eram encontrados ali.

Verdade seja dita, o mapa não era infalível. Ele não podia distinguir bruxos ou bruxas com o mesmo nome, por exemplo. O mapa também não mostrava salas não localizáveis. A Sala Precisa, por exemplo, foi revelada por Dobby, o elfo doméstico, e não no mapa, que parecia nem saber que a sala existia. E o mesmo aconteceu com a Câmara Secreta. Ela nunca apareceu no mapa. Assim como com a Sala Precisa, a Câmara pode não ter sido mostrada simplesmente porque os criadores do mapa, Remo Lupin, Pedro Pettigrew, Sirius Black e Tiago Potter – também conhecidos como os srs. Aluado, Rabicho, Almofadinhas e Pontas, "Fornecedores de Recursos para Feiticeiros Malfeitores" –, nunca souberam de sua existência. Então, o que necessitaríamos para fazer uma versão trouxa do Mapa do Maroto?

Cartógrafos medievais

Como Hogwarts, a era de ouro da cartografia foi medieval, e começou com navios. Duas invenções chinesas, a bússola e o leme de popa, tiveram um efeito global no oceano. Viagens longas se tornaram viáveis. Os mares se tornaram abertos à exploração, pirataria, uma colossal expansão no comércio, e guerra. A necessidade de melhor navegação teve profundas consequências para a cartografia. Um mar aberto significava necessidade de mais precisão: melhores observações, melhores instrumentos, e melhores mapas. Então, a navegação em mar aberto criou uma necessidade para uma nova geografia quantitativa, e o desejo por dispositivos que poderiam ser usados a bordo dos navios, assim como em terra. E então, a obsessão com longitude começou.

As grandes viagens marítimas europeias começaram por volta de 1415, e abriram o planeta para pilhagens. As viagens eram o fruto do primeiro uso consciente da geografia para glória e lucro. Impérios emergentes logo perceberam que poderiam exercer controle global baseado no conhecimento de território: sabendo *onde* você estava e sabendo *o que* você possuía. Então, navegação e cartografia se tornaram mais importantes até que o comércio. Mas a era de ouro dos mapas levou a uma era de ouro da pirataria.

Os piratas que pilhavam pelos sete mares, um eco do comércio rival e de tentativas de colonização feitas pelos poderes europeus, geralmente buscavam um espólio surpreendente. Se um ataque no mar tinha sucesso, os piratas que embarcavam iam diretamente para o porão. Em vez de ouro, prata ou dólar espanhol, a carga mais preciosa que um navio possuía era seus mapas e cronômetro. Inclusive alguns cartógrafos colocavam erros propositais em seus mapas, para enganar os principiantes caso o mapa caísse nas mãos do tipo errado de pirata.

Esses mapas criptografados antipiratas lembram o Mapa do Maroto. Este também era codificado, normalmente disfarçado como um pedaço em branco de pergaminho. Para ver o mapa, um bruxo ou bruxa tinha que tocar nele com a varinha e dizer: "Juro solenemente que não farei nada de bom". Apenas aí que o mapa se revelava. Similarmente, para mais uma vez esconder o conteúdo do mapa para que o pergaminho novamente parecesse em branco, um bruxo tocaria e diria: "Malfeito feito". A única diferença era essa. Mapas medievais foram feitos para proporcionar proteção contra malícia, mas o Mapa do Maroto foi criado especificamente para *causá-la*!

Marcando o professor

Uma versão trouxa do Mapa do Maroto poderia ser baseada em GPS. O GPS, ou Global Positioning System (Sistema de Posicionamento Global), é uma rede de aproximadamente trinta satélites, que orbitam a Terra a uma altura de 20 mil quilômetros. Assim como muita tecnologia antes e depois dele, o sistema foi desenvolvido para os militares – os militares dos EUA nesse caso em particular. Mas hoje qualquer um com um dispositivo GPS acabou sendo autorizado a usá-lo. Isso acontece quando você tem um telefone celular ou uma simples unidade de GPS e pode receber sinais de rádio, que são transmitidos pelos satélites.

Não importa onde você esteja na Terra, o GPS o encontrará. Não importa onde você esteja andando, pelo menos quatro satélites de GPS estarão visíveis. Cada um deles transmite dados sobre *onde* está, e *quando* está. Esses sinais de dados, sendo emitidos na velocidade da luz, são capturados pelo seu GPS. Quando isso é feito por pelo menos três satélites, seu GPS sabe onde você está. Seu receptor de GPS faz um processo chamado trilateração. Agora, imagine aplicar essa técnica a uma situação de fuga da escola. Imagine que um professor esteja espreitando em algum lugar nas catacumbas da escola. Lá no alto do céu estão os olhos atentos de três satélites. Vamos chamá-los de satélites A, B e C. Se o professor à espreita for espiado pelo satélite A, então esse satélite vai saber a que distância ele está. E se os satélites B e C também espiarem o professor, eles também vão ler sua posição. Então, ao tomar as três leituras juntas, onde elas se cruzam é exatamente o ponto de localização do professor. E quanto mais satélites estiverem sobre o horizonte, mais exata será a leitura da posição do professor. Tudo isso é feito com uma pequena ajuda de Einstein.

Para garantir o melhor em precisão de tempo, os satélites GPS carregam relógios atômicos. As teorias de Relatividade Geral e Especial de Einstein previram que um relógio atômico na órbita da Terra mostraria um tempo levemente diferente a um relógio idêntico na Terra. O cérebro brilhante de Einstein notou que o tempo se move mais devagar sob uma gravidade mais forte. Então, os relógios a bordo dos satélites parecerão mover-se mais rápido que os seus semelhantes na Terra.

Os satélites devem fazer uma correção para velocidade e também para gravidade. Cada satélite na constelação de GPS orbita a uma altura de aproximadamente 20 mil quilômetros. E nessa altitude, eles viajam a mais ou menos 14 mil quilômetros a cada hora (esse é um período orbital de quase 12 horas – contrário à crença popular, os satélites GPS não estão em órbitas geossíncronas ou geoestacionárias). E, conforme eles viajam nessa velocidade, a Relatividade Especial de Einstein prevê que os relógios desses satélites parecerão funcionar mais devagar que um relógio da Terra! Então, toda a rede de GPS deve fazer concessões para esses efeitos relativos de gravidade e velocidade no tempo.

Ainda assim, nada disso deveria preocupar nosso possível fugitivo porque a tecnologia para marcar o professor já está entre nós. Os marcadores de segurança do GPS, usados para rastrear animais de estimação, pessoas, ou até professores à espreita, já estão no mercado, são minúsculos e usam energia solar. Eles são precisos e funcionam em lugares fechados. Por meio de uma antena *patch* supersensível, e sendo menor que duas pilhas AA, esses marcadores de segurança do GPS usam uma constelação de satélites GPS. E tudo isso significa que, em posse de um smartphone, um fugitivo da escola pode facilmente marcar as posições atual e prévias de seus professores simplesmente usando um aplicativo de mapeamento. Então, sobra um último desafio: conseguir realmente colocar o marcador *no* professor...

COMO PODERÍAMOS CRIAR UM RELÓGIO FUNCIONAL DA FAMÍLIA WEASLEY?

A s pessoas têm o hábito de simplesmente desaparecer. O famoso sábio chinês Lao-tsé misteriosamente desapareceu em 531 a.C., deixando para trás seu famoso livro, o *Tao Te Ching*, o ensino básico do Taoísmo. Espártaco, líder da rebelião dos escravos contra a República Romana, também sumiu em uma "nuvem de fumaça" em 71 a.C. E Amelia Earhart, a renomada aviadora americana, desapareceu em 2 de julho de 1937, depois de se tornar a primeira mulher a tentar um voo circunavegador do globo.

Mas desaparecer inesperadamente e sem explicações nunca foi um problema para os Weasley. Afinal, eles tinham o famoso relógio dos Weasley. Este não era um dispositivo de tempo normal. Em vez de indicar de forma monótona a hora do dia, o relógio dos Weasley monitorava o paradeiro de cada membro da família. Localizado na sala de estar da Toca, a casa da família Weasley no subúrbio de Ottery St. Catchpole em Devon, Inglaterra, o relógio ostentava nove ponteiros dourados, um para cada Weasley, apontando para onde eles estavam em cada momento. No mostrador do relógio havia uma série de localizações opcionais, incluindo Escola, Trabalho, Viajando, Casa, Perdido, Hospital, Prisão e até Perigo Mortal. Além disso, tinha as categorias mais engraçadas como "hora de fazer o chá" (estamos falando da *Inglaterra*, é claro), "hora de alimentar as galinhas" e "você está atrasado". O paradeiro de cada membro da família podia ser visto de imediato, já que o ponteiro dedicado a cada um apontava para onde quer que eles estivessem na Terra. Considerando essa obsessão com tudo o que era trouxa, será que o chefe da família, Arthur Weasley, alguma vez tinha sido tentado a fabricar algo parecido para o mundo não bruxo? E, se houvesse interesse em tal empreendimento, qual tecnologia poderia ser empregada?

Relógios mágicos

Acredite ou não, relógios trouxas mágicos já foram criados. Então, vamos falar sobre eles. Primeiro, uma visão geral. Assim como o relógio dos Weasley, nosso relógio mágico terá ponteiros para representar pessoas, e "horas" do relógio para representar localizações. Nosso relógio mágico também vai oferecer de imediato informações do paradeiro de familiares ou amigos. E o tipo de mágica que nosso relógio usará será uma tecnologia trouxa que roda do smartphone ao servidor web ao relógio mágico. Você terá uma boa ideia de onde seus entes queridos estão, então poderá persegui-los por diversão, ou saber quando é melhor não ligar.

Claro, o relógio mágico dos sonhos é um relógio de pêndulo, em uma estrutura de madeira. Já que o relógio tem que mostrar pessoas e lugares, nós precisamos adicionar ao relógio típico mais ponteiros conforme a necessidade. Mas, neste momento, vamos supor que precisamos de um total de quatro ponteiros, um para cada uma das quatro Casas de Hogwarts: um ponteiro do Professor Dumbledore para representar Grifinória, um ponteiro luminoso da Luna Lovegood para Corvinal, um ponteiro da Professora Pomona

Sprout para Lufa-Lufa, e por último um ponteiro do Professor Snape para Sonserina.

O mostrador de nosso relógio mágico deve mostrar também as localizações mais comumente usadas. Vamos selecionar alguns lugares apropriados para cada um de nossos quatro ponteiros. Como Dumbledore tem um forte interesse nos céus com seu próprio telescópio no Escritório do Diretor, vamos colocar como primeira localização a "Torre de Astronomia". A bruxa maravilhosamente excêntrica Luna Lovegood vive em uma casa em formato de torre em Ottery St. Catchpole, então vamos colocar como segunda localização "Ottery". Pomona Sprout é normalmente encontrada entretida nas estufas de herbologia de Hogwarts, então nossa terceira localização no relógio será "Estufas". E, finalmente, Severo Snape é um Mestre das Poções bem talentoso, então nossa última localização será "Masmorras", onde ele sintetiza esses elixires. Resumindo, temos quatro localizações fascinantemente nomeadas de Torre de Astronomia, Ottery, Estufas, e Masmorras! A essas também podemos adicionar as localizações relativamente normais Viajando, Perdido, e possivelmente até Perigo Mortal.

Um relógio Weasley gerenciava sua própria mágica, mas nosso relógio bruxo precisa de tecnologia trouxa. Dumbledore, Lovegood, Sprout e Snape, que juntos soam como o grupo de advogados mais excêntricos que existe, precisariam cada um carregar algum tipo de tecnologia móvel. Isso poderia ser na forma de um smartphone, com um aplicativo de Android ou iOS apropriado instalado e com a mesma funcionalidade principal. O aplicativo de Android rodaria um serviço em segundo plano, atualizando sua localização em intervalos regulares. Em contraste, o aplicativo do telefone iOS enviaria sua localização sempre que o dispositivo se comunicasse com uma nova torre de celular, sempre supondo que houvesse torres como essas em Hogwarts. Com o Android, dados de localização são atuais e precisos. Com o telefone iOS, atualizações superprecisas e superfrequentes podem ser enviadas simplesmente ao manter o aplicativo aberto e rodando. Ambos os aplicativos também conseguem enviar localizações destinadas, tanto para testar como para esclarecer por onde anda um usuário quando a localização de seu telefone não está tão precisa quanto poderia.

Perigo mortal

E então, onde quer que o usuário esteja, um sinal de onde ele está no mundo é enviado. O paradeiro encontraria seu caminho até um servidor web; um sistema de computador, ou programa, que emite dados aos usuários. Nesse caso, a informação seria enviada ao nosso relógio bruxo. Quando ela for recebida pelo módulo Wi-Fi embutido no relógio, este teria quatro servomotores que permitiriam que ela percorresse uma gama completa de localizações possíveis. E então, assim como o relógio Weasley que o inspirou, nosso relógio bruxo atingiria seu propósito: os paradeiros de Dumbledore, Lovegood, Sprout e Snape podem ser vistos imediatamente, já que os ponteiros mostrarão exatamente onde eles estão.

O verdadeiro teste de nosso relógio bruxo é a questão do Perigo Mortal. Como é que vamos lidar com isso, usando apenas tecnologia trouxa? Talvez a melhor solução seja usar tecnologia que pode ser vestida. Um smartwatch, por exemplo, pode simplesmente ser equipado com um aplicativo que, em tempo real, é capaz de detectar o estresse associado à resposta do corpo de lutar ou fugir. O aplicativo poderia captar sinais sobre se a bruxa ou o bruxo usuário está passando por níveis alterados de batimentos cardíacos, transpiração, pressão arterial ou movimento. E então, nosso plano para um relógio bruxo na vida real está completo. Não fique sentado aí; vá e crie um!

A TECNOLOGIA PODE REPLICAR O FEITIÇO REDUTOR?

O Feitiço Redutor é usado para destruir objetos sólidos ao quebrá-los em pedaços ou reduzi-los a uma poeira fina. Harry o usou contra uma cerca-viva, mas só conseguiu abrir um pequeno buraco queimado nela, e o feitiço também foi usado para explodir estantes.

Se quiséssemos atingir o mesmo efeito, teríamos que identificar o material sólido a ser destruído e aí encontrar o método mais apropriado para fazê-lo. Entretanto, em essência, qualquer método que usemos resume-se a encontrar uma forma de quebrar as ligações que mantêm o material inteiro. Isso geralmente envolveria algum tipo de reação física, química ou biológica. Então, de que maneiras poderíamos replicar os efeitos do Feitiço Redutor?

Reações químicas

Uma reação química acontece quando uma substância ganha ou perde elétrons. Se nenhum elétron foi trocado, então não é considerada uma reação química. Reações químicas comuns incluem o leite azedando, ferro enferrujando e combustão, ou seja, a queima. Em todas as reações químicas, ligações químicas entre os átomos e moléculas são quebradas e novas são formadas.

Que alterações químicas poderiam reduzir algo sólido a poeira fina ou o faria queimar, explodir ou quebrar em pedaços?

Queimar um pequeno buraco em uma cerca-viva geralmente significa que aconteceu uma combustão. Uma reação de combustão faz uma substância, chamada de oxidante, reagir com outra substância, chamada de combustível. O oxidante age pegando elétrons do combustível e emitindo energia no processo. O combustível é então considerado oxidado. Há diferentes oxidantes com diferentes forças, mas o principal oxidante de reações de combustão na Terra é o oxigênio. É por isso que as coisas na Terra geralmente precisam de oxigênio para queimar.

Em uma reação de combustão, o oxigênio pega elétrons do combustível, e nós dizemos que o combustível foi oxidado porque perdeu elétrons. O processo no qual o oxigênio *ganha* elétrons é chamado redução. Enquanto o combustível é oxidado pelo oxigênio, o oxigênio é reduzido pelo combustível. Na realidade, não se pode ter um processo sem o outro.

Quando alguma coisa passou por oxidação, ou seja, foi oxidada ao ter elétrons retirados, a substância que pegou os elétrons (o oxidante) deve ter passado por uma redução, ou seja, ganhou os elétrons. Assim, esses tipos de reações são também conhecidas como reações redox, o que é uma abreviação para reações de redução-oxidação. Combustão é uma reação redox de ação rápida, enquanto um processo corrosivo como ferrugem é uma reação redox muito mais lenta.

Pode ser tentador relacionar a redução química ao Feitiço Redutor, mas no caso de queima de uma cerca-viva, o bruxo estaria mais corretamente oxidando a cerca através de combustão. Então, o Feitiço Redutor poderia ser uma forma extrema de oxidação?

Oxidação extrema

Há vários oxidantes com habilidades diferentes de remover elétrons. Um dos mais fortes é uma substância extremamente reativa e altamente tóxica chamada trifluoreto de cloro. O trifluoreto de cloro é hipergólico, o que significa que ele se inflama espontaneamente quando misturado com outras substâncias. Ele reage prontamente com todos os combustíveis conhecidos, assim como com tecido, madeira, amianto, areia, pessoas e água, com a qual reage de maneira explosiva. Ele foi investigado para uso como possível combustível de foguete, mas depois foi considerado muito perigoso.

Se um Feitiço Redutor de um bruxo instigasse uma reação química como oxidação em uma mesa de madeira, ainda levaria um pouco de tempo para realmente queimar a mesa até virar cinzas ou poeira fina. O bruxo teria que manipular a velocidade da reação para fazer com que isso acontecesse mais rapidamente. Na química, catalisadores podem ser usados para chegar a esse ponto, mas uma temperatura mais alta também pode ajudar. Um catalisador é uma substância que acelera o ritmo da reação, sem ser consumido no processo ou ser alterado quimicamente.

Quando Parvati Patil "executara um Feitiço Redutor com tanta perfeição que reduzira a pó a mesa em que estavam os bisbilhoscópios", talvez seu feitiço rapidamente tenha oxidado a madeira, usando algum tipo de catalisador mágico superpoderoso. Entretanto, como os trouxas descobriram, oxidação rápida pode ser algo muito perigoso para se tentar, considerando as reações explosivas que podem ocorrer. Além da química, que outras formas poderíamos usar para imitar Feitiço Redutor?

Reações físicas

Uma alteração física (reação) acontece quando há uma alteração em algum aspecto de uma substância (como temperatura, forma, cor, tamanho), mas não na composição da substância. Por exemplo, quando o gelo é aquecido, ele muda de sólido para líquido, mas ainda tem a composição de água. Nesse caso, diz-se que a água mudou de estado, por exemplo, de sólido para líquido.

Outros exemplos de mudanças físicas incluem amassar uma lata, ferver a água, quebrar um vidro, demolir um edifício e moer grãos de pimenta. Se um Feitiço Redutor age causando puramente uma alteração física, então, dependendo do objeto, há alguns poucos processos físicos que poderiam criar esse efeito.

Uma onda de choque de um meteoro ou foguete explodindo em pleno ar pode quebrar janelas, embora as partes sólidas de concreto do prédio fossem permanecer comparativamente sem danos. Para uma onda de choque desintegrar ou pulverizar um muro ou parede de rocha, ela precisaria de uma imensa quantidade de energia. Mas há ainda uma maneira de quebrar pedras, e não requer o uso de explosivos.

As coisas na natureza estão sujeitas aos elementos como vento, chuva e calor do sol. O efeito dos elementos em objetos naturais é chamado de intemperismo. Isso é frequentemente visto quando a água entra nas rachaduras de certas rochas e repetidamente congela e descongela. A água expande e se contrai várias vezes, criando pressão nas rochas. Eventualmente, os blocos se fraturam e se soltam, tornando-se uma encosta de cascalhos na base da parede de rocha.

Intemperismo é um processo bem longo e só seria possível em certos tipos de rocha; ele não funcionaria em madeira ou em uma cerca-viva, já que são mais flexíveis e podem resistir às pressões e tensões. Então, vamos esfriar mais as coisas.

Totalmente congelado

Quando alguns objetos como polímeros, flores ou frutas são congelados a temperaturas extremamente baixas, eles podem ser simplesmente triturados ou estilhaçados com impacto suficiente. Isso funciona porque conforme a temperatura diminui, o material fica mais quebradiço. Nitrogênio líquido é uma substância comum usada para diminuir a temperatura, já que ele normalmente apenas existe como líquido entre -210°C e -196°C.

Em temperatura ambiente, a estrutura de uma substância pode melhor absorver impacto, dissipando qualquer pressão e tensão ao esticar e deformar. Nessa temperatura, as moléculas na estrutura são livres para passar umas pelas outras. Entretanto, conforme a temperatura vai reduzindo, o material se torna menos elástico até que chega ao estado congelado. Nesse ponto, as moléculas já não estão mais livres para se mover, então a energia do impacto não é dissipada, mas concentrada em regiões localizadas, levando a fraturas frágeis e a um possível estilhaçamento.

Fraturas frágeis são o resultado da quebra de ligações atômicas, que leva a substância a se partir em nível molecular. A energia colocada na quebra é necessária para superar as forças coesas entre os átomos na linha da rachadura. Nós vemos isso quando a madeira é quebrada em pedaços e solta farpas, mas não vira poeira. Normalmente, isso requer ação repetitiva de uma serra ou machado.

Se madeira ou papel são congelados, eles não se quebram da mesma maneira porque são feitos de fibras que, embora possam se tornar quebradiças individualmente, ainda podem passar umas pelas outras, o que permite um nível de flexibilidade no objeto como um todo. Então, o *Reducto* não poderia ser usado em uma mesa ao torná-la extremamente fria; a mesa quebraria, mas não estilhaçaria ou seria reduzida a poeira. Que tal usar o som para quebrar um objeto sólido?

Reducto sônico

O uso de ondas sonoras para quebrar materiais sólidos é um fenômeno bem conhecido, como já visto na habilidade de alguns cantores de estilhaçar copos usando apenas a voz. Trouxas têm um dispositivo chamado litotriptor que pode usar som para pulverizar massas sólidas no corpo conhecidas como cálculos, mas comumente chamadas de pedras. Cálculos incluem pedras na bexiga, na vesícula e nos rins. Eles se formam como resultado de minerais e sais se aglomerando depois de ficarem altamente concentrados na urina. As pedras são normalmente bem pequenas e passam imperceptíveis na urina. Entretanto, se são muito grandes, um tratamento para removê-las pode ser necessário. O litotriptor oferece tratamento não invasivo como a LECO, que significa litotripsia por ondas de choque extracorpórea. Extracorpórea simplesmente significa "fora do corpo".

Na LECO, o litotriptor é usado para focar ondas de choque de ultrassom de alta energia na pedra. As ondas de choque viajam através do corpo comprimindo e esticando alternadamente o tecido conforme passam. A maior parte dos tecidos do corpo é bem resistente às forças resultantes de tensão, mas os materiais sólidos como as pedras têm menos resiliência e são mais suscetíveis a fraturas. Na maior parte da viagem pelo corpo, as ondas são irradiadas para que não transmitam tanta energia. Entretanto, quando atingem o ponto focal onde a pedra está, a energia das ondas de choque é mais intensa e suficiente para fazer a pedra quebrar em pedaços menores, alguns tão pequenos quanto grãos de areia. Devemos observar que isso requer mais de mil ondas de choque para pulverizar as pedras, com alguns tratamentos durando até uma hora. Novamente, a taxa com que a quebra ocorre ainda é muito lenta para as necessidades imediatas da bruxa ou bruxo. Então, onde chegamos com isso?

Reducto!

Abrir um buraco queimado em uma cerca-viva é uma tecnologia bem possível. Explodir objetos de vidro é também possível usando ondas sonoras que correspondam à frequência natural de um vidro ou em geral através da criação de ondas de choque. Estas poderiam quebrar estantes de vidro se estão carregando energia suficiente, mas precisariam ser muitas vezes mais fortes para quebrar tijolos.

Em uma escala menor, é também possível quebrar pedras internas, ou cálculos, usando ondas sonoras supersônicas através do corpo. Madeira é mais difícil de reduzir a poeira, a menos que você esteja disposto a esperar muitos minutos para ela queimar por completo, ou encontrar algum objeto físico para quebrá-la. Então, nós temos tecnologias que podem replicar aspectos do Feitiço Redutor, mas uma tecnologia que funcione totalmente e para tudo está fora de questão.

COMO UM BRUXO PODE FAZER GRANDES BOLAS DE FOGO?

Fogo. O santo graal para os primeiros humanos. Dizem que Prometeu o roubou dos deuses para beneficiar a humanidade, mas independentemente de como o encontrarmos, uma vez que descobrimos como criá-lo, o mundo mudou. Nós fomos de manter fogo que ocorria naturalmente causado por coisas como relâmpagos ou atividade vulcânica a descobrir como esfregar galhos um no outro ou bater em uma pedra para acender um pavio. Agora, podemos usar apenas palitos de fósforo ou pegar um isqueiro, mas para os humanos antigos, esses dispositivos pareceriam tão mágicos como alguém proclamando "*Incendio*" ou "*Lacarnum Inflamare*" para lançar chamas voando da ponta de um galho magicamente modificado. Então, como um bruxo poderia criar uma bola de fogo a partir de uma varinha?

Uma receita para combustão

O fogo é o resultado de uma reação química chamada combustão. Em reações de combustão, as substâncias reagem juntas, resultando na produção de novas substâncias. Calor e luz são emitidos no processo. Uma reação que emite calor é chamada de reação exotérmica. Portanto, combustão é exotérmica.

Na maioria das reações de combustão, um oxidante reage com uma substância (o combustível) quando há energia termal suficiente, por exemplo, calor. Um oxidante é basicamente uma substância que retira elétrons da substância com que ela está reagindo, por exemplo, o combustível. Na Terra, o oxidante mais comum em reações de combustão é o oxigênio, já que é amplamente disponível, compondo 21% do ar que respiramos. Outros oxidantes possíveis que podem levar à combustão incluem flúor ou cloro.

A criação de fogo na Terra geralmente requer a presença de três ingredientes: combustível, calor e oxigênio. Estes são comumente conhecidos como o triângulo do fogo. Se algum desses elementos está faltando, a combustão não ocorrerá, e o fogo não pode ser criado. Então, para que um bruxo invoque com sucesso uma chama da ponta de sua varinha, todas as três partes do triângulo do fogo devem estar presentes. Como *Harry Potter* acontece na Terra, a parte do oxigênio está incluída. Entretanto, se estiver em um lugar com muito pouco ou nenhum oxigênio, a varinha precisa produzir seu próprio oxidante. É assim que foguetes funcionam no espaço. O combustível que eles usam contém seu próprio oxidante, permitindo aos foguetes queimar no vácuo do espaço mesmo não havendo oxigênio. Para nosso propósito, consideraremos ambientes onde haja oxigênio suficiente, então o truque está em entender como criar combustão com uma varinha.

Varinhas de fogo

Uma varinha é vista como uma forma de uma bruxa ou bruxo canalizar suas habilidades mágicas. Cada uma é feita a partir de um tipo de madeira e contém um núcleo mágico que afeta como a varinha se comporta. Mas como uma varinha poderia manipular oxigênio, combustível e calor para criar fogo?

No mundo trouxa, isqueiros são uma maneira comum de criar uma chama e têm sido usados em várias formas por mais de um século. Funcionam ao inflamar um combustível na presença de oxigênio. Não é difícil fazer um isqueiro no formato de uma varinha; acendedores de churrasqueira já podem ser especialmente longos, e produtos descritos como varinhas acendedores realmente existem. Claro, uma varinha pode produzir muito mais do que uma chama, então encher a varinha com fluido de isqueiro como butano ou nafta não deixará muito espaço para outras funções. Mas é um começo.

Se você pegar um isqueiro transparente descartável, poderá ver que ele contém combustível líquido. Esse líquido é apenas um gás sob muita pressão. Geralmente, se os gases são comprimidos o suficiente, eles se liquefazem. Um gás também pode se tornar um líquido se for refrigerado o suficiente, e se for refrigerado ainda mais, ele pode congelar até se solidificar. Um combustível tomará menos espaço como líquido ou sólido, então qualquer fonte de combustível em uma varinha seria armazenada de maneira mais eficiente em um desses estados.

Nós estamos cercados de combustíveis que estão em estados sólidos, líquidos ou gasosos. Combustíveis sólidos incluem carvão e madeira, mas eles não queimam diretamente em uma chama. Quando são aquecidos o suficiente, eles passam por uma reação chamada pirólise endotérmica, que produz gases inflamáveis. São esses gases que podem então queimar para produzir luz e calor. Esse calor volta para o processo como parte de uma reação em cadeia, que é outra parte importante da propagação do fogo. Tanto que ele agora é frequentemente incluído com os três elementos do triângulo do fogo para formar o que é conhecido como o tetraedro do fogo. Então, como uma varinha poderia conseguir isso?

Considerando que a parte externa da varinha é feita de madeira, há sempre a possibilidade de que possa ser acesa. Dito isso, queimar um pedaço da varinha poderia tecnicamente ser uma solução para alimentar um fogo, mas isso limitaria muito a quantidade de bolas de fogo que poderiam ser produzidas antes que a varinha fosse completamente queimada, deixando um galho tostado quebradiço e também feio. Essa claramente não é uma opção, então que combustíveis uma varinha poderia conjurar para fazer fogo?

Acendendo o fogo

Quando combustíveis sólidos são aquecidos, eles passam por mudanças que liberam gás combustível. Combustíveis líquidos funcionam de uma maneira similar no sentido de que quando são aquecidos eles evaporam em forma de gás inflamável que é então queimado. Então, na realidade, independentemente do estado inicial, a combustão geralmente ocorre ao usar gases inflamáveis, como o combustível em um triângulo ou tetraedro de fogo.

Entre outras coisas, como oxigênio disponível e pressão do ar, o combustível em questão sendo queimado pode ter um efeito na temperatura das chamas resultantes. Isso é importante porque alguns objetos precisam de mais calor para se incendiarem. Portanto, uma chama de temperatura mais baixa de algo como gordura animal ou querosene precisaria ser maior ou aplicada por mais tempo que uma chama de temperatura mais alta de uma mistura de combustível como o oxiacetileno.

Mágicos trouxas frequentemente fazem bolas de fogo, e eles têm diferentes métodos para produzi-las. Um exemplo usa um material sólido inflamável que é basicamente algodão, mas sobrealimentado. Ele é chamado de nitrocelulose ou algodão-pólvora e, quando é queimado, produz uma chama que apaga literalmente em um instante. A natureza difusa do algodão permite ao oxigênio atingir a área de combustão mais facilmente, fazendo a reação acontecer de uma maneira muito mais rápida. Há um pequeno produto no mercado chamado Pyro Mini Fireshooter que lança bolas de fogo dessa maneira, mas de uma unidade menor. O problema com essa técnica é que ela queima tão rapidamente que não passaria uma grande quantidade de calor ao que quer que seja que tenha contato com ela. Essa é a razão por que artistas ficam tão contentes ateando fogo em suas mãos descobertas. Também significa que Hermione não poderia usá-las para atear fogo na capa do Snape. Então, que outros métodos existem?

Também se pode borrifar ou expelir combustíveis líquidos. Um fluxo de líquido inflamável consegue carregar a chama bem mais longe do que é capaz um gás combustível. Esses combustíveis líquidos também podem pousar rapidamente em objetos e continuar queimando, especialmente se eles são engrossados, como é o caso do napalm. A maioria dos lança-chamas usados na Segunda Guerra Mundial e na Guerra do Vietnã operavam dessa maneira.

Se uma varinha fosse abastecida com um pouco de combustível líquido, ela também precisaria de uma forma de propeli-lo. Poderia usar gás pressurizado como um propulsor (que é como os lança-chamas fazem) ou o combustível líquido precisaria ser mecanicamente esguichado para fora ao apertar a base da varinha. Ambos os métodos funcionariam, mas a chama resultante se pareceria mais como uma rajada de chamas em vez de uma bola de fogo, que deixa gases, dos quais os métodos são vários.

Uma varinha poderia conter combustíveis de gás comprimido como líquidos. Isso não tomaria muito espaço e poderia oferecer algumas boas queimaduras por uma quantidade pequena de combustível. Reações também poderiam acontecer na varinha para criar gases. Um exemplo é o carbeto de cálcio, que reage com água para produzir gás acetileno inflamável. Dessa forma, a varinha apenas precisa de uma câmara para conter o carbeto de cálcio, e a habilidade de adicionar água a ele à vontade. A pressão do gás pode aumentar e se soltar em uma nuvem, que, quando acesa, pode criar uma bola de fogo pequena. Independentemente do tipo de combustível e método de liberação, todos esses métodos dependem de uma fonte suficiente de calor para ignição, então como isso poderia ser feito?

Gerando calor

Acendedores possuem vários métodos de ignição para oferecer a energia de calor necessária para combustão da mistura de combustível e oxigênio. O método mais comum usa uma faísca de uma rocha ou metal, como o ferrocério, ou seja, pederneira. A desvantagem da pederneira é que ela requer ação mecânica para criar a faísca, algo que teria que acontecer de alguma maneira dentro da varinha. A mesma coisa acontece com uma descarga elétrica de um cristal piezoelétrico comprimido; algo encontrado em muitos acendedores. Nesse tipo de acendedor, um arco elétrico é gerado entre dois eletrodos quando se aplica voltagem suficiente.

Há também os acendedores catalíticos que usam um álcool como o metanol na presença de um catalisador de platina. Um catalisador é uma substância que faz a reação acontecer mais rápido ou com um fornecimento menor de energia, mas não é consumido no processo. Conforme o vapor de metanol entra em contato com a platina, uma reação química ocorre, gerando calor. Esse calor é suficiente para iniciar a combustão no metanol. Isso seria uma maneira compacta e fácil o suficiente para fazer caber um mecanismo de ignição na ponta da varinha, e um gás pressurizado novamente faria a chama ser lançada da ponta em vez de apenas emanar-se dela.

Outra opção possível é usar o que são chamados de combustíveis hipergólicos. Com esses, duas substâncias entram em contato uma com a outra e passam por uma reação que as faz entrar em combustão sem a necessidade de uma fonte de ignição separada. Esses são frequentemente usados em voos espaciais. Na época das missões *Apollo*, os combustíveis Aerozine 50 e tetróxido de dinitrogênio eram usados nos motores dos módulos lunares e de serviço.

Grandes bolas de fogo

Então, é possível criar uma bola de fogo, desde que todos os elementos do triângulo do fogo estejam presentes. O problema é colocar todos eles na varinha. Usar o gás como combustível pode produzir uma boa bola de fogo, assim como qualquer reação que produz um volume significante de gás inflamável. Entretanto, os combustíveis poderiam apenas ser armazenados em pequenas quantidades. Para fornecer o calor para a reação, combustíveis hiperbólicos são talvez o método mais simples, mas a ignição por catálise também parece uma boa forma de conseguir a chama na ponta da varinha. De qualquer maneira, uma varinha que produza fogo está ao alcance da ciência e tecnologia reais.

PARTE III
HERBOLOGIA, ZOOLOGIA E POÇÕES

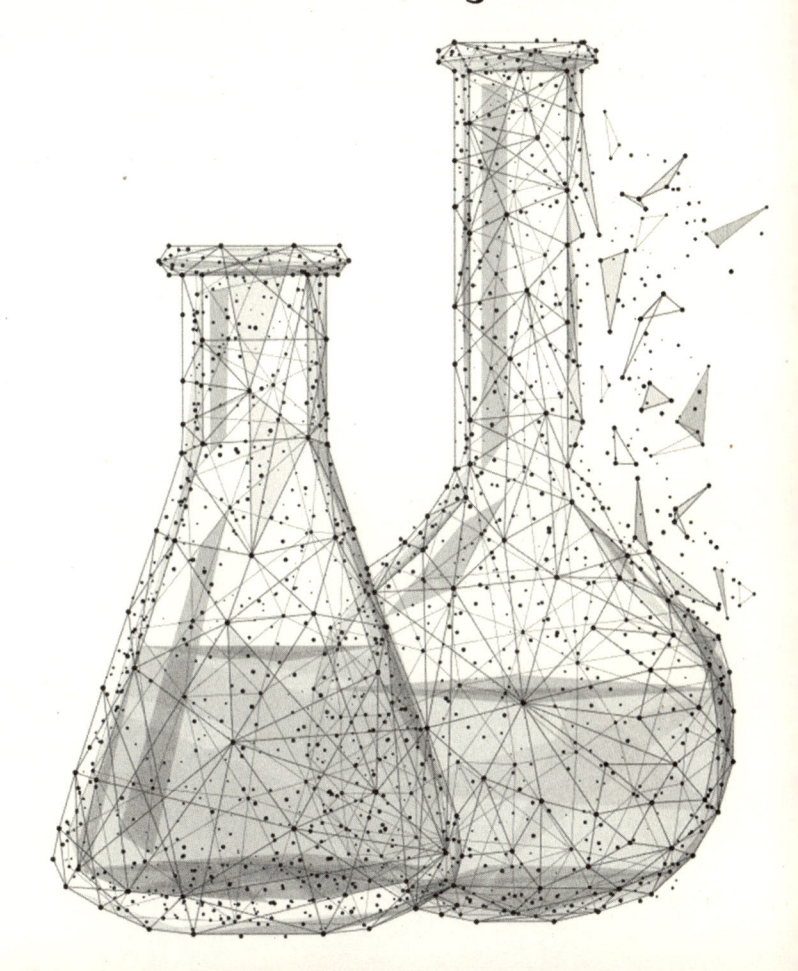

O BEZOAR É UM ANTÍDOTO DE VERDADE?

Existem várias bebidas trouxas que podem deixar quem as bebe inconsciente. Absinto é conhecido por induzir efeitos alucinógenos, Bruichladdich é um uísque incrivelmente puro e potente, e Spirytus Rektyfikowany é uma vodca polonesa que pode levar você a encontrar seu deus se exagerar. Mas a birita que quase fez isso com Rony Weasley foi um bom e velho hidromel envelhecido em barris de carvalho. Envenenado. Foi o copo de Rony que atingiu o chão primeiro. Seguido de Rony. Ele caiu de joelhos, tropeçou em um tapete, convulsionou assustadoramente e, ao espumar pela boca, sua pele ficou azul.

Harry foi ao resgate. Olhando em volta e pulando, ele apressadamente tirou as poções das paredes. Uma caixa caiu, e dela se espalharam várias pedras, não maiores que ovos de pássaros. Harry pegou uma das pedras secas e enrugadas, abriu a boca de Rony e jogou-a na sua garganta. Imediatamente, Rony parou de se mover. Mas logo, depois de soluçar e tossir, Rony estava de volta. Respirando. O sagaz Harry tinha usado um bezoar. O bezoar é um amontoado não digerido de matéria, retirado do intestino de uma cabra. Tais aglomerados se acumulam dentro dos sistemas digestivos e são geralmente feitos de pelos, plantas fibrosas e são semelhantes a uma bola de pelo de gato. No mundo mágico, os bezoares atuam como antídotos para a maioria dos venenos, sendo o veneno de basilisco uma exceção importante. Mas, já que os bezoares são também objetos na vida real, o que exatamente eles *são*, e o que eles podem realmente fazer?

Bezoares

Por muitos séculos, acreditava-se que bezoares eram o remédio mais maravilhoso. Acredita-se que a palavra bezoar é derivada do persa *pâdzahr*, que literalmente significa antídoto, ou contraveneno. Hoje, há mais de 2 milhões de espécies de animais na Terra, mas apenas 148 são apropriadas para criação. Destas 148, apenas 14 foram criadas com sucesso: cabras, ovelhas, porcos, vacas, cavalos, burros, camelos-bactrianos, dromedários, búfalos, lhamas, renas, iaques, gaiais e o bantengue. Apenas 14 animais de grande porte em mais de 10 mil anos de criação.

Desses catorze, os quatro grandes animais de criação – vacas, porcos, ovelhas e cabras – eram todos nativos do que hoje conhecemos como Oriente Médio. A área que abrigava as culturas mais irrigadas do mundo também abrigava os animais mais bem hidratados. Não é de admirar que tenha sido conhecida como Crescente Fértil, e não é de admirar que essa área também seja o lar da descoberta do bezoar.

A ciência deu um grande salto adiante no Islã medieval entre os séculos VIII e XIV. Seu legado ainda está conosco, na forma de álgebra, algoritmos e álcalis. Todos são de origem árabe e estão no coração da ciência contemporânea. Durante esses séculos, o Islã foi uma cultura diversa, aberta para o exterior. As pessoas eram encantadas pelo conhecimento e fascinadas pelas questões da ciência. O astrônomo e matemático Al-Biruni calculou o tamanho da Terra em algumas centenas de quilômetros. O físico Alhazen ajudou a fundar a ciência da óptica. E acadêmicos islâmicos, obcecados com medidas precisas em campos como a astronomia, tiveram um grande impacto na revolução científica que ocorreu na Europa dos séculos XVI e XVII e ajudaram a moldar o trabalho de pessoas como Copérnico.

Já no século VII, o mundo islâmico usava bezoares. Eram geralmente oriundos de cabras, mas também de estômagos de veados, camelos, vacas e outros ruminantes. Antes de ser administrado, o bezoar era esmigalhado e moído em pó, e engolido ou tomado com água quente na forma de um chá mais civilizado. A crença nos benefícios do bezoar era tão grande que ele também foi transformado em curativo ou compressa. Nesta forma, ele poderia ser usado externamente como um remédio para febre, epilepsia ou até lepra.

Quando o Islã floresceu, a Europa estava passando pela sua Idade das Trevas. No século XIV, entre 25% e 60% da população europeia, uma estimativa de 50 milhões de almas, morreram por causa da Peste Negra, a peste bubônica que devastou a Europa e partes da Ásia e da África. A ideia do bezoar, um remédio potente e poderoso, deve ter tido um grande apelo entre os sofredores europeus. Aliás, dizem que o rei Eduardo IV da Inglaterra atribuiu sua recuperação de uma ferida pustulenta ao uso de um bezoar por seu médico. Dizem que o celebrado médico islâmico Avenzoar foi o primeiro a escrever para os europeus sobre o bezoar.

Com a notícia de suas propriedades curativas, bezoares se tornaram mais comuns no continente. Entretanto, a pesquisa médica parece não ter sido o forte de Napoleão. Quando o imperador da Pérsia deu vários bezoares para os franceses, reza a lenda que ele os jogou fora antes da sua morte, que pode ter sido causada por envenenamento!

Bezoares como pedras preciosas

Napoleão à parte, a fama e a fortuna dos bezoares dispararam. Eles logo apareceram em listas de pedras preciosas. Uma lista de preços feita por um boticário alemão em 1757 oferecia safiras e esmeraldas, rubis e outras pedras preciosas, algumas que eram usadas para fins médicos, mas a verdadeira escolha da lista preciosa era o bezoar. Seu valor listado deixou seu preço umas boas cinquenta vezes acima da estimativa para esmeraldas.

Bezoares seriam usados como amuletos, e como amuletos devem conter dentro de si alguma qualidade ou poder para proteger seus donos dos danos, os bezoares se encaixavam perfeitamente nisso. Eles eram usados no pescoço ou transportados em caixas de joias o máximo possível. A rainha Elizabeth I da Inglaterra, cujo epônimo reinado e época estão associados a pessoas como Shakespeare e Marlowe, tinha vários bezoares colocados em anéis. Mais tarde, eles se tornaram parte das joias da coroa do reino.

Uma indústria caseira de bezoares falsos brotou. Um ourives inglês foi intimado aos tribunais por supostamente vender falsificações sem valor no início do século XVII. Não é de surpreender, já que o preço pedido por uma das falsificações era de umas boas 100 libras, que valeriam hoje 40 mil dólares. Cerca de cem anos depois, em 1714, questões sobre bezoar foram levantadas por um membro da Faculdade Real de Cirurgiões em Londres. Fornecedores de drogas locais alegavam ter mais de 14 quilos de bezoar em estoque. O cirurgião começou a desconfiar quando calculou que para tal estoque de bezoares, seria necessário o abate de cerca de 50 mil cabras.

Sobre a eficácia do bezoar como um antídoto, considere este conto: o rei Charles IX foi presenteado com um bezoar. Parecendo tão cético quanto seu compatriota Napoleão, o rei chamou seu médico real, Ambroise Paré, desejando saber se a pedra realmente tinha o poder de proteger contra todos os venenos. "Absurdo", respondeu Paré. Como não há duas toxinas exatamente iguais, nenhuma pedra pode ter a substância para ser um antídoto universal. "Tudo bem". disse o rei. "Então, vamos testá-lo para encontrar a verdade". Então o rei chamou um criminoso condenado que havia sido sentenciado à forca e logo morreria. Uma nova escolha foi apresentada a ele. Comer um veneno mortal e em seguida o bezoar. Se ele se curasse, poderia se libertar. O homem condenado não era nenhum cético. Ele tomou um veneno preparado pelo farmacêutico real e, em seguida, avidamente engoliu o bezoar. Eis que ele morreu agonizando algumas horas depois, seguido pelo som crepitante de uma pedra enquanto o rei jogava a cura-tudo no fogo.

VISGO-DO-DIABO: QUAIS SÃO AS PLANTAS CARNÍVORAS DA VIDA REAL?

Herbologia é uma das muitas matérias fascinantes que os alunos estudam em Hogwarts. Herbologia trata de plantas e fungos mágicos e, apesar de às vezes serem menosprezadas, as aulas da Professora Sprout ajudaram Harry, Rony e Hermione a saírem de muitas situações complicadas durante seu tempo no castelo.

Uma das plantas mais mortíferas que Harry encontra, tanto dentro quanto fora da sala de aula de herbologia, é o visgo-do-diabo. Na aventura caça-Voldemort do trio de ouro pelo alçapão, o visgo-do-diabo é uma das muitas provas que eles precisam superar para alcançar a Pedra Filosofal. Essa planta mágica em particular tem a surpreendente capacidade de se enrolar ao redor de sua presa e, como Rony e Harry descobrem, quanto mais você luta, mais ela aperta. Mais tarde na série, o visgo-do-diabo é mostrado como uma arma mortífera mais de uma vez. Neville Longbottom e a Professora Sprout as posicionam estrategicamente em volta do terreno durante a Batalha de Hogwarts para derrubar os gigantes e Comensais da Morte que invadem o Castelo.

Em outra cena sinistra, o visgo-do-diabo é contrabandeado como um método de assassinato no Hospital St. Mungus para

Doenças e Acidentes Mágicos. Um vaso com visgo-do-diabo foi entregue para um paciente em coma, Broderico Bode, e confundido com um inofensivo presente de natal. O comensal da morte responsável, Walden Macnair, conseguiu passar pelos medibruxos com a planta escondida, que então estrangulou Bode até a morte antes que alguém pudesse perceber.

Felizmente para Harry e Rony, existe uma maneira fácil de escapar do visgo-do-diabo. Quanto mais você luta contra o seu aperto, mais rápido ele começa a sufocá-lo, mas se você ficar parado, pode enganar o visgo para relaxar o seu aperto. Graças à aula de herbologia da Professora Sprout, Hermione é capaz de escapar de suas garras e, em seguida, consegue salvar um Rony em pânico, conjurando fogo para fazer seus tentáculos recuarem. No entanto, embora os ramos velozes do visgo-do-diabo sejam certamente impressionantes, há muitas outras plantas fascinantes e mortais na botânica do mundo real.

Nepenthes rajah: o rei das plantas-jarro

Primeiro, algo que parece ter saído do mundo bruxo. *Nepenthes rajah* parece mais um feitiço ou encantamento do que uma planta. Originária de Bornéu, na Malásia, a *Nepenthes rajah* é uma trepadeira. Esta planta vem equipada com armadilhas gigantes em forma de jarro, e as maiores são conhecidas por capturar e digerir pequenos mamíferos, sapos e lagartos. É uma morte lenta também. Quando o fadado animal cai nela, é afogado e lentamente digerido pelos litros de fluido que encontram-se na armadilha. A armadilha é essencialmente uma folha em forma de jarro com um interior escorregadio e ceroso, o que o torna difícil de escalar para sair. Acadêmicos notaram que os corpos de pequenos roedores podem levar meses para serem lentamente digeridos, até que finalmente tudo o que sobra no fluido da planta é o esqueleto.

Abominavelmente, o caule da *Nepenthes rajah* tem ambições de escalada distintas. Ela normalmente cresce pelo solo, mas vai tentar subir em qualquer coisa com que entrar em contato e que possa servir de apoio. E esse caule é formidável. Ele pode crescer até seis metros de comprimento, com insetos, particularmente formigas, sendo sua presa do dia a dia tanto nos jarros aéreos como terrestres.

Plantas maliciosas têm um lado bom também. Embora a *Nepenthes rajah* seja conhecida por aprisionar criaturas inocentes, seus jarros também abrigam um grande número de outros organismos. *A Nepenthes rajah* se comporta como uma mãe simbiótica mútua com criaturas que não poderiam sobreviver em outro lugar, como os dois táxons de mosquito que foram nomeados por causa dela: *Culex rajah* e *Toxorhynchites rajah*.

Utriculária: enganosamente inocentes

Assim como o visgo-do-diabo no St. Mungus, essa planta parece pequena e inocente à primeira vista. Mas com um nome como utriculária (*bladderwort*, em inglês, faz referência a "bexiga"), um botânico pode imaginar que há algo estranho em progresso. Apesar da utriculária estar decorada com flores bonitas, ela é na verdade tão eficiente em capturar suas presas como a *Nepenthes rajah* e o visgo-do-diabo. O nome utriculária se refere às suas armadilhas que se parecem com bexigas, com as quais a planta captura de maneira predatória organismos pequenos. Elas estão tanto em água doce como em solo úmido, como espécies terrestres ou aquáticas, por todo o território da Terra, exceto na Antártida.

Utriculárias agem rapidamente. Pode levar apenas dez milésimos de segundo para sua armadilha dar o bote. Na espécie aquática, a entrada da armadilha é acionada mecanicamente, e a presa, junto com a água no entorno, é sugada para dentro da bexiga. A armadilha de bexiga é considerada uma das mais sofisticadas estruturas no reino vegetal. Mas, felizmente, sua presa é relativamente pouca coisa. A espécie aquática, utriculária comum, tem bexigas que se alimentam de presas como pulgas-de-água, larvas de mosquito e jovens girinos. Ao agarrá-los pela cauda, a utriculária consome girinos e larvas ingerindo-os, pedaço por pedaço.

A apanha-moscas: a clássica

É a clássica planta carnívora do mundo dos trouxas. E, com folhas vibrantes que se fecham em torno da presa, a apanha-moscas monta uma armadilha que agarra, que é muito parecida com a forma sinistra de agarrar do mágico visgo-do-diabo.

A apanha-moscas é um milagre da natureza. As pessoas normalmente não pensam em plantas que se movem, mas a armadilha pode pegar insetos com suas folhas dentadas abocanhando quando provocadas pela presa tocando os pequenos pelos na superfície interna da folha.

O mecanismo da apanha-moscas é uma armadilha sofisticada. Imagine uma aranha, estúpida o bastante para caminhar dentro da folha de uma apanha-moscas. Se o aracnídeo provoca um desses pequenos pelos na superfície interna, a armadilha se prepara para fechar. Ela se fecha a menos que sinta um segundo contato nela em torno de vinte segundos depois do primeiro. Essa condição de acionamento redundante serve como uma salvaguarda para que a apanha-moscas não desperdice energia ao prender objetos que não têm nenhum valor nutricional. A apanha-moscas começará a digestão apenas depois de cinco desses estímulos, para se certificar de que capturou um inseto vivo que valha a pena ser consumido.

A armadilha tem um refinamento extra também. A velocidade do fechamento varia de acordo com a quantidade de umidade, luz, tamanho da presa e condições gerais de cultivo. A velocidade com que a armadilha se fecha é um indicativo útil do bem-estar geral da planta, mesmo que não possamos dizer isso da presa, que inclui besouros, aranhas e outros artrópodes rastejantes.

A apanha-moscas tem alguns fãs muito famosos. O fundador da geobotânica, John Dalton Hooker, era diretor dos Jardins Botânicos Reais de Kew em Londres. Ele dividia o grande interesse em plantas carnívoras com seu amigo próximo, Charles Darwin, que chamou a apanha-moscas de "uma das plantas mais maravilhosas do mundo".

Heracleum mantegazzianum: a entrada tardia

Heracleum mantegazzianum é um pesadelo de planta. Muitas plantas são tóxicas na ingestão, mas a *Heracleum mantegazzianum*, que pode chegar até 2,4 metros de altura, pode envenenar você apenas pelo toque. Parecendo um planeta alienígena, a *Heracleum mantegazzianum* envenena em cooperação com um corpo extraterrestre – o sol! Como a planta é fotossensível, ela destila uma seiva espessa que cobre a pele humana ao contato. De uma vez, a seiva reage com o sol e começa uma reação química que queima através da pele. O contato causticante pode levar à necrose e à formação de lesões enormes e roxas na pele. Incrivelmente, as lesões podem durar por anos. O que é mais preocupante é o fato de que uma quantidade mínima de seiva pode causar cegueira permanente se entrar em contato com os olhos. Não é surpresa que as plantas *Heracleum mantegazzianum* tenham se tornado um alvo de emergência para departamentos de controle de plantas tóxicas trouxas.

COMO A MEDICINA CRIOU POÇÕES PODEROSAS DE PLANTAS PECULIARES?

A doença anglo-saxônica "watery-elf", que pensavam ser catapora, era tratada ao "misturar tradições herbáceas, encantos mágicos, mitos e ideias religiosas". O médico, chamado de "sanguessuga", era um monge e fazia o paciente beber uma mistura de água benta e "ervas inglesas", enquanto aparentemente repetia a frase: "Que a Terra a destrua com toda a sua força". Como muitas outras culturas antigas, monges medievais acreditavam que a doença era também ligada a deus e ao mundo dos espíritos.

De acordo com o mestre das poções, Severo Snape, há uma "ciência sutil e arte exata" por trás da criação de poções. Um mestre de poções se especializa em misturar várias substâncias para fazer líquidos que possam ser usados para criar efeitos mágicos na pessoa que os bebe. Basicamente, eles mexem com a fisiologia das pessoas ao usar uma combinação de ingredientes naturais e magia.

De acordo com J.K. Rowling, não seria possível para um trouxa fazer uma poção mágica. Mesmo que eles "recebessem um livro de poções e os ingredientes certos, há sempre algum elemento de trabalho de varinha que é necessário".

Não ter uma varinha não impediu trouxas em sua jornada para produzir preparações para ajudar nossa saúde ou nossa vida cotidiana. Desde notar os efeitos particulares de comer algo até experimentar as consequências de combinar produtos naturais em quantidades diferentes, essa ingenuidade tem nos levado a poções poderosas com efeitos extraordinários apesar da ausência de mágica. A questão é: como os trouxas conseguiram isso?

O armário medicinal da natureza

A natureza tem muitos químicos e substâncias que são prejudiciais aos humanos, mas, pelo lado positivo, muitos produtos naturais conhecidos e desconhecidos podem nos beneficiar em nossas vidas. Por exemplo, o povo san da África do Sul usa a planta hoodia para suprimir o apetite quando estão caçando ou fazendo longas jornadas. Algumas outras ervas comuns são o gengibre, matricária, erva-dos-burros, cardo-mariano, ginseng e erva-de-são-joão.

O motivo dessas ervas serem tão úteis deve-se à sua química. Plantas produzem químicos diferentes para auxiliá-las em suas funções. Metabólitos primários como os carboidratos, vitaminas e proteínas estão localizados em todas as células de plantas e são essenciais para seu crescimento, desenvolvimento e reprodução. Metabólitos secundários, que são derivados dos primários, mas são específicos para cada planta, são compostos usados para atrair ou se defender contra outros organismos que podem polinizar, infectar ou tentar se alimentar da planta.

Os ingredientes ativos em muitos desses compostos de plantas podem ter efeitos positivos ou negativos em nossa fisiologia – efeitos que farmacêuticos frequentemente exploram quando estão desenvolvendo remédios.

Há três tipos de metabólitos secundários particularmente relevantes para a medicina: fenóis, terpenoides e alcaloides, que serão discutidos mais para frente. Plantas produzem compostos fenólicos para se defenderem contra patógenos (micro-organismos que causam doenças). O ácido salicílico, usado para reduzir a acne, é um composto fenólico. Uma versão modificada dele é também usada para fazer aspirina. Terpenoides são o maior grupo e são ingredientes primários em óleos essenciais, que podem ser tóxicos para insetos ao mesmo tempo em que protegem a planta de infecção bacteriana ou fúngica. Alguns têm um possível uso contra câncer, malária, inflamação e várias doenças virais e bacterianas infecciosas.

Acumulando conhecimento

A habilidade de identificar a diferença entre plantas perigosas e benéficas é vital para a sobrevivência de qualquer forma de vida que coma ou interaja com as plantas. Não se trata apenas de reconhecer a planta, é também necessário identificar quais partes da planta são comestíveis ou seguras para manipular. Por exemplo, nós podemos comer um caule de aspargo, mas o fruto da planta é venenoso, e enquanto nós comemos regularmente o fruto de um pé de tomate, suas folhas são venenosas. As mais famosas, hera-venenosa e cicuta, são venenosas ao toque, assim como a mancenilheira, que produz frutas e seiva venenosas. Sem tecnologias específicas para ajudá-los, os povos indígenas dependiam de sinais sensoriais para determinar a possível química subjacente da planta. Claro, nenhum método poderia realmente fornecer mais conhecimento do que apenas provar e ver o que acontecia. Esse conhecimento obtido através de tentativa e erro levou a um acúmulo farto de conhecimento sobre plantas e seus efeitos no corpo humano. Indivíduos nessas comunidades aplicavam esse conhecimento de plantas para criar medicamentos. Esses herboristas usavam suas habilidades para prevenir, diagnosticar, melhorar ou tratar doenças físicas e mentais.

O registro escrito mais antigo sobre plantas medicinais é de quase 5 mil anos atrás com uma placa de argila suméria de Nagpur, que faz referências a plantas como papoula, meimendro e mandrágora. Há também o papiro Ebers de 3.500 anos do Egito que possui centenas de fórmulas e remédios medicinais que usam ingredientes como o alho, a mirra, a babosa e o hortelã. Um estudo recente dos Jardins Botânicos Reais de Kew no Reino Unido estimou que há pelo menos 28.187 espécies de plantas no mundo atualmente registradas como sendo de uso médico.

A farmácia antiga

O estudo de como medicamentos afetam os sistemas vitais é chamado farmacologia, mas por milênios foi chamado por seu nome em latim, *materia medica*. O termo *materia medica* vem do título de um livro escrito pelo médico grego Pedanius Dioscorides no século I d.C. Era um livro popular respeitado por médicos durante a Idade Média.

Naquele tempo, os principais médicos na Europa eram chamados de boticários. Eles eram basicamente vendedores que se especializavam em ervas, vinhos e especiarias. Com o passar dos anos, eles se tornaram mais envolvidos com a armazenagem e venda de doces, perfumes, e remédios que eles preparavam e dispensavam para o público. Na metade do século XVI, estavam lidando principalmente com substâncias para uso profissional por médicos. Eles eram basicamente o antigo equivalente de nossos farmacêuticos comunitários atuais.

No século XVII, livros de medicina de plantas conhecidos como herbários eram valorizados e bem conhecidos, como o *The*

Herball or Generall Historie of Plantes, de John Gerard, e *Complete Herbal,* de Culpeper. O livro de Culpeper foi realmente usado por J.K. Rowling como fonte de inspiração para alguns dos nomes de plantas que soam "bruxas" em *Harry Potter*, como linaria, plantago, artemísia e sanguinária.

Em 1704, foi decidido legalmente que os boticários poderiam prescrever e dispensar medicamentos, e, em 1815, o Apothecaries Act ("Decreto dos Boticários") foi aprovado em uma tentativa de regulamentar a área, dando início à regulamentação médica. Na Inglaterra, a sociedade dos boticários ainda estava fazendo e vendendo produtos medicinais e farmacêuticos na década de 1920. Hoje em dia, o boticário evoluiu para o médico de família, ou seja, seu médico local.

A ascensão da análise química no começo do século XIX fez com que os cientistas agora pudessem extrair e modificar os ingredientes ativos das plantas, em vez de apenas processar partes inteiras das folhas, raízes ou flores. Isso permitiu a criação de remédios específicos que não exporiam os pacientes a compostos extrínsecos que poderiam estar presentes em plantas.

A partir de então, a prática medicinal europeia foi dominada pela biomedicina, que aplica "os princípios das ciências naturais; especialmente biologia e bioquímica". Então, como eles obtêm os ingredientes ativos das plantas e colocam em medicamentos modernos?

Desenvolvimento de medicamentos

Pata obter os compostos bioativos necessários da planta, os cientistas têm que extraí-los e isolá-los. Começando com uma planta fresca ou desidratada e pulverizada, os compostos necessários podem ser hidratados (o processo de maceração) ou filtrados lentamente (o processo de percolação) em água ou solventes orgânicos. O solvente afeta quais compostos podem ser extraídos. Por exemplo, taninos e terpenoides podem ser extraídos por água ou etanol, enquanto antocianinas podem apenas ser extraídas por água ou solventes de metanol. Para alcaloides, etanol ou éter são adequados. Qualquer que seja o processo ou solvente usado, é importante assegurar que os ingredientes não sejam afetados adversamente, perdidos ou destruídos.

Extração pode frequentemente levar à obtenção de uma variedade de compostos. Para isolar esses compostos, são necessárias técnicas de separação e purificação, como a cromatografia. Cromatografia é um método que permite diferentes propriedades químicas se moverem em diferentes velocidades enquanto estão passando por uma substância. Depois de um tempo, compostos específicos podem ser encontrados em diferentes posições ao longo da substância.

Entretanto, obter o ingrediente ativo não necessariamente fornece o medicamento finalizado. Ingredientes ativos são frequentemente combinados com outras substâncias como adoçantes, conservantes, aromas, lubrificantes e veículos (substâncias usadas em preparados líquidos ou em gel para ajudar a carregar o ingrediente ativo pelo corpo). Esses aditivos, conhecidos como excipientes, são farmacologicamente inertes, ou seja, não têm nenhum efeito biológico específico em nós.

Ingredientes diferentes também podem ser mesclados para aumentar a absorção no corpo ou para mirar em áreas diferentes simultaneamente. Entretanto, é importante saber como essas substâncias se decompõem com o tempo para garantir que o medicamento não se torne tóxico de uma hora para outra quando deixado em uma prateleira por um tempo ou se exposto a certas temperaturas ou substâncias.

Algumas substâncias também podem causar efeitos colaterais indesejáveis ou preocupações de saúde e segurança, levando cientistas a sintetizar suas próprias versões modificadas de compostos naturais para fornecer formas mais adequadas. Por exemplo, clorofórmio e éter são ambos adaptados para serem menos tóxicos para o fígado ou inflamáveis. Outras substâncias modificadas incluem heroína e LSD, que são derivados da morfina e do ácido lisérgico. Essas substâncias podem ser ineficientes ou perigosas se tomadas em quantidades erradas. Uma dose segura depende da janela terapêutica, que é a variação de dosagens em que uma substância será eficiente sem se tornar tóxica. A dosagem também deve ser ajustada baseando-se no tamanho da pessoa que vai tomá-la. As janelas terapêuticas específicas são determinadas em caráter experimental, e mais recentemente, isso tem incluído o uso de modelos computadorizados e testes em certas células do corpo antes de seguir para teste em animais e depois em testes clínicos em humanos.

Poções poderosas de plantas peculiares

Um agente farmacológico de origem vegetal é chamado fitofármaco. Um exemplo é o ácido salicílico, encontrado em salgueiros. Uma versão modificada do composto, chamada ácido acetilsalicílico, é o ingrediente ativo da aspirina. Há também a aloína, retirada da babosa, que é uma antraquinona; uma classe de substâncias conhecidas por suas propriedades laxativas. Ela funciona ao aumentar a ação peristáltica e reduzir a absorção de água.

De longe, os compostos de plantas mais bem consolidados são os alcaloides, que têm normalmente um gosto amargo e tendem a ter diversos e poderosos efeitos fisiológicos em humanos e em outros animais. Eles também estão fortemente ligados a efeitos psicoativos junto com estimulantes e alucinógenos. Em 1804, a morfina se tornou o primeiro alcaloide a ser isolado e cristalizado. Na década de 1950, descobriram que a maria-sem-vergonha continha compostos alcaloides que inibem o crescimento das células cancerosas. Essa descoberta e uso ajudaram a reduzir a taxa de mortalidade das pessoas com Doença de Hodgkin ou leucemia linfoide aguda, que eram dois dos tipos de câncer mais fatais na época. Outros alcaloides originários de plantas bem conhecidos incluem as estimulantes cafeína e nicotina, cocaína da planta de coca, cujas folhas são um anestésico local, e quinino, um composto anti-malárico. Cicuta e estricnina também são consideradas alcaloides.

As plantas peculiares ainda a serem descobertas no mundo provavelmente nos oferecerão mais compostos medicinais notáveis com efeitos poderosos em nosso corpo. A indústria farmacêutica é gigante e, embora as empresas coloquem uma grande quantidade de dinheiro e esforço em pesquisa e desenvolvimento, no fim das contas compensa, assegurando a busca por mais soluções farmacêuticas. Um método cada vez mais popular é a bioprospecção, onde novas espécies de plantas são procuradas por seus possíveis compostos inéditos. Essencialmente, é assim que plantas peculiares têm conseguido fornecer à medicina os ingredientes para fazer poções poderosas.

A PSICOLOGIA DO SEXO: AS POÇÕES DO AMOR DO MUNDO REAL FUNCIONAM?

Existe uma química da sedução? Certamente havia no mundo dos bruxos. Como o mestre das poções Severo Snape disse uma vez:

> Vocês estão aqui para aprender a ciência sutil e a arte exata do preparo de poções. E como aqui não fazemos gestos tolos, muitos de vocês podem pensar que isto não é mágica. Não espero que vocês realmente entendam a beleza de um caldeirão cozinhando em fogo lento com a fumaça a tremeluzir, o delicado poder dos líquidos que fluem pelas veias humanas, e enfeitiçam a mente, confundem os sentidos. Eu posso ensinar-lhes a engarrafar fama, a cozinhar glórias, até a zumbificar [...].

No universo de *Harry Potter*, poções do amor eram infusões de paixão. Elas deixavam quem as bebia obsessivos com a pessoa que tinha oferecido a bebida. As poções do amor não apenas eram conhecidas por serem muito poderosas, mas também por serem altamente perigosas. Amortentia era a mais poderosa de tais poções, com um brilho de madrepérola, e um vapor em espiral característico ao cozinhar.

Como as drogas recreativas no mundo trouxa, as poções do amor eram banidas em Hogwarts. E, como a maioria das proibições de drogas no mundo trouxa, as regras sobre o uso de poções do amor só pareciam encorajar bruxos e bruxas a conquistar corações com seu uso. De fato, até a mãe de Rony, Molly Weasley, admitiu ter cozinhado uma poção do amor quando ela era uma jovem bruxa em Hogwarts. A prática comum era esconder a poção do amor na comida ou na bebida, assim a vítima pretendida não desconfiaria.

Levar poções para Hogwarts era como durante a Lei Seca. A loja dos Weasley, a Gemialidades Weasley, começou a vender uma série de poções do amor como parte de sua promoção *Bruxa Maravilha*. E quando o zelador de Hogwarts, Argo Filch, baniu todos os produtos deles da escola, Fred e Jorge Weasley então enviavam para lá poções disfarçadas de perfumes e poções para tosse. Então, os jovens bruxos e bruxas de Hogwarts comercializavam contrabando, fazendo pedidos de poções do amor, apesar das buscas obrigatórias em corujas. Hermione descobriu provas desse comércio quando ouviu por acaso as garotas no banheiro fofocando sobre formas de dar a Harry uma poção do amor.

Trouxas têm flertado com a ideia de afrodisíacos por séculos. Alimentos como chocolate, abacate, ostras e mel têm a suposta reputação de serem ótimos para o amor e para a fertilidade. Mas e sobre poções do amor trouxas? E qual a possibilidade química de que elas pudessem realmente funcionar?

Preparações trouxas

A noção de poções do amor tem sido por muito tempo atraente no mundo trouxa também. Mas que progresso foi feito para sintetizar algo que poderia fazer trouxas se apaixonarem? Alguns acadêmicos acreditam que poções do amor podem se tornar realidade em breve. Uma das principais razões pelas quais os trouxas se apaixonam é que bebês trouxas simplesmente não conseguem se defender sozinhos. Em contraste, muitos outros animais têm crias bem capazes de encontrarem comida e de serem independentes desde o início.

Humanos realmente têm bebês incapazes. E isso significa que, do ponto de vista da evolução, é melhor que pais humanos continuem juntos para que suas crias tenham a melhor chance de sobrevivência. É a deixa para sistemas de juntar pares. Quando os trouxas se apaixonam, o efeito no cérebro é único. Hormônios químicos chamados oxitocina e vasopressina são liberados na ativação do sistema de dopamina do cérebro. É a dopamina que cria o laço. Os sintomas de dopamina são similares a tomar um estimulante. A liberação de dopamina estimula o lobo frontal, e faz com que pais trouxas percebam que seu parceiro é alguém que deveria ficar por perto, alguém com quem eles sentem ligação. Trouxas sentem falta do cheiro de seus parceiros. E, quando separados, seus corpos liberam um hormônio peptídeo chamado hormônio liberador de corticotrofina (CRH), envolvido na resposta do corpo ao estresse. Então, acadêmicos acreditam que uma poção do amor real pode existir logo. Esse elixir poderia ser criado de uma preparação de oxitocina, vasopressina e CRH. Mas os químicos ainda não entendem exatamente como "o poder delicado dos líquidos que percorrem as veias humanas" pode afetar a parte certa do cérebro trouxa ao estimular os sistemas certos. Resumindo, uma poção do amor apropriada não estará disponível em sua farmácia ainda, mas a neurociência está se desenvolvendo rapidamente. Os acadêmicos sabem bem mais sobre o cérebro trouxa do que antes. Eles não são apenas melhores em entender o cérebro, eles também são melhores em modelar o circuito do cérebro trouxa. E isso significa que, em uma década, acadêmicos estarão prontos para preparar a glória de um elixir do amor. Então, logo, quando as poções do amor estiverem disponíveis em sua farmácia local, você poderá tomar a poção para se apaixonar.

Entretanto, poções do amor vêm com muitos problemas. A poção do amor arquetípica, que faz você desejar alguém simplesmente porque você a bebeu, é certamente carregada com dilemas morais. Eticamente, se poções do amor existissem, elas estariam sujeitas aos mesmos questionamentos que as chamadas "drogas do estupro", já que poções do amor somente poderiam ser administradas a uma pessoa sem o consentimento dela. E ainda assim, poções do amor poderiam também ser usadas para ajudar a criar laços e fortalecer relacionamentos duradouros. As emoções evoluem com o tempo. Mas uma poção do amor tomada com conhecimento pode ser uma maneira de estimular aquele amor que começou a desaparecer.

Você tomaria a poção?

AS AGÊNCIAS DE ESPIONAGEM USARAM SUA PRÓPRIA VERSÃO DE UMA POÇÃO *VERITASERUM?*

D izem que três coisas não podem ser escondidas por muito tempo: o sol, a lua e a verdade. A verdade é raramente pura e nunca é simples. E mesmo assim, no universo de *Harry Potter*, tentaram engarrafá-la. *Veritaserum* era uma poção mágica e potente da verdade. Ela essencialmente forçava a pessoa que a bebia a responder honestamente a qualquer pergunta que lhe faziam. O uso da *Veritaserum* era estritamente regulado pelo Ministério da Magia, que também reconhecia a existência de formas de combater a poção, como engolir um antídoto, ou oclumência.

Como qualquer mestre das poções experiente pode confirmar, a *Veritaserum* tinha uma química complexa. Quando cuidadosamente sintetizada, a poção não era apenas transparente e sem cor, mas também sem cheiro, o que a tornava praticamente indistinguível da água. O professor Severo Snape sustentou que a poção precisava amadurecer por uma fase completa da lua antes do uso e enfatizou que havia outras dificuldades em sua fabricação. O nome *Veritaserum* deriva do latim *veritas*, que quer dizer verdade, e do latim *serum*, que significa líquido ou fluido.

A genialidade do *Veritaserum* estava em parte na sua química camaleônica. Sua semelhança com a água em muitas de suas características significava que era facilmente misturável com a maioria das bebidas. Três gotas eram uma dosagem suficiente para fazer quem a bebesse divulgar seus segredos mais íntimos. E, pelo menos em teoria, a mágica da poção agia no corpo e na mente de quem a tinha bebido, obrigando-os a dizer a verdade absoluta a qualquer pergunta. De acordo, é claro, com aquilo que quem bebeu aceitava como sendo verdadeiro.

E, no entanto, o uso do *Veritaserum* tinha seus limites. Nos tribunais de jurisdição mágica, o uso do *Veritaserum* era considerado "injusto e pouco confiável em um julgamento", da mesma forma que os tribunais trouxas frequentemente proibiam as evidências resultantes dos testes de polígrafo. Como alguns bruxos e bruxas eram habilidosos o suficiente para repelir os efeitos da poção enquanto outros, não, seu uso no julgamento não indicaria necessariamente prova definitiva de inocência ou de culpa. Agora, a memória é uma criatura complicada. É relativa à verdade, mas não exatamente a mesma coisa. Os bruxos estavam cientes de que um revelador da verdade afirma apenas o que se acredita ser verdadeiro. A sanidade e a compreensão da realidade do relator também precisavam ser levadas em consideração nas discussões. Assim, embora as respostas do relator pudessem ter sido sinceras, elas não seriam necessariamente verdadeiras. Observe o testemunho de Bartô Crouch Jr. Algumas de suas respostas foram fiéis à sua mente e memória, e, no entanto, seus interrogadores sabiam que eram falsas. O caráter de Crouch foi um fator atenuante da eficácia total do *Veritaserum*. O *Veritaserum* já teve um paralelo no mundo trouxa, especialmente no reino sombrio da espionagem?

Soros da verdade: escopolamina

Algum tipo de supersoro tem sido o objetivo de espiões em todo o mundo. Antigamente, a brutalidade era a primeira arma escolhida. Melhor economizar tempo e espancar muito o suspeito, em vez de fazer o trabalho científico adequado, procurando minuciosamente evidências da maneira sherlockiana. Os britânicos eram familiarizados com a brutalidade, mesmo muito antes dos dias do Império. O juiz britânico, tio de Virginia Woolf e escritor antilibertário, Sir James Fitzjames Stephen narra em *Uma história do Direito Penal na Inglaterra, vol. 1*:

> Eles os penduravam pelos polegares ou pela cabeça e ateavam fogo nos pés; colocavam cordões amarrados em sua cabeça e os torciam até apertar o cérebro [...]. Alguns eles colocaram em um baú que era pequeno, estreito e raso, e colocaram pedras afiadas nele e pressionaram o homem dentro, para que quebrassem todos os seus membros [...]. Não posso nem quero contar todas as feridas ou todas as torturas que eles infligiram aos homens miseráveis nesta terra.

Na época do Império, os britânicos já tinham praticado bastante. Sir James Fitzjames Stephen também escreveu sobre tortura e verdade no citado *Uma história do Direito Penal na Inglaterra, vol. 1*: "É muito mais prazeroso sentar-se confortavelmente na sombra esfregando pimenta vermelha nos olhos de algum pobre diabo, do que sair no sol para caçar evidências". Com o progresso da química, mesmo esfregar pimenta vermelha parecia dar muito trabalho.

Espiões se voltaram para o "soro da verdade". Presume-se que várias drogas relaxem tanto a defesa de quem as recebe que ele não pode evitar revelar quaisquer verdades ocultas. Embora seja melhor que a tortura, o uso de drogas ainda levanta questões sobre direitos e liberdades individuais, é claro. E, como no mundo mágico, seu uso provocou controvérsias médico-legais ao longo das décadas.

O primeiro provável soro foi a escopolamina, um medicamento usado para tratar enjoo e náusea no pós-operatório. No início do século XX, os médicos começaram a usar escopolamina juntamente com morfina e clorofórmio para criar uma condição de "sono crepuscular" nas mães durante o parto. Em 1922, um obstetra de Dallas chamado Robert House percebeu que a escopolamina também poderia ser usada no interrogatório de suspeitos de crimes. Nas gestantes, a escopolamina trazia sedação e sonolência, uma desorientação confusa e amnésia de coisas que aconteciam durante a intoxicação. No entanto, as mulheres no sono crepuscular também respondiam a perguntas não apenas com muita precisão, mas muitas vezes com sinceridade alarmante! O Dr. House chegou a acreditar que, com a escopolamina em seus sistemas, os suspeitos "não podem criar uma mentira [...] e não há força para pensar ou racionalizar". A ideia de uma "droga da verdade" foi lançada ao mundo.

House publicou cerca de uma dúzia de artigos sobre a escopolamina entre 1921 e 1929, e a reputação de House como o "pai do soro da verdade" tornou-se tão famosa que a mera ameaça de interrogatórios com escopolamina foi usada para obter confissões de suspeitos preocupados. Mas numerosos efeitos colaterais, que incluíam alucinações, percepção perturbada, dor de cabeça, batimentos cardíacos acelerados e visão turva, poderiam facilmente distrair o suspeito do objetivo da entrevista.

Soros da verdade: tiopental sódico

Mais recentemente, o sinistro soro da verdade nos filmes é o tiopental sódico. Embora tenha sido desenvolvido pela primeira vez na década de 1930, o tiopental sódico ainda é usado hoje em dia pela polícia e militares de alguns países. Um anestésico, o tiopental sódico faz parte de um grupo de medicamentos conhecidos como barbitúricos, substâncias químicas amplamente utilizadas nas décadas de 1950 e 1960 para ajudar a dormir melhor. Os barbitúricos trabalham diminuindo a velocidade das mensagens que viajam através de seu cérebro e corpo. Quanto mais barbitúricos presentes, mais lentas as mensagens químicas ficam, o que dificulta saltar as lacunas entre um neurônio e outro. A velocidade de pensamento desacelera muito rapidamente com o tiopental sódico. E os cientistas descobriram que, enquanto está na zona intermediária entre acordado e drogado, o suspeito entra em uma zona cinzenta e se torna tagarela e desinibido. Mas, quando o efeito da droga passa, a pessoa se esquece de tudo o que estava dizendo. Ela poderia possivelmente confessar e não saber que havia confessado.

Mas o tiopental sódico funciona em um interrogatório? Pesquisas descobriram que o medicamento sem dúvida deixará o indivíduo mais inclinado a falar. E quando sob sua influência, ele também fica muito sugestionável. E isso ocorre porque a droga está interferindo nos centros superiores, como o córtex, onde ocorrem muitas tomadas de decisão. Mas há também um risco preocupante de se dizer o que o interrogador quiser ouvir, em vez da verdade. Às vezes, os barbitúricos podem funcionar em interrogatórios. Mas, mesmo em condições ideais, eles criam uma manifestação marcada pelo engano, pela fantasia e pela fala confusa. Ainda é possível, no entanto, que algumas pessoas resistam a um interrogatório sob drogas, e aqueles que provavelmente resistem a um interrogatório comum podem aguentar enquanto drogados. Ainda não existe uma mistura mágica como a noção popular de soro da verdade.

OS HUMANOS DESENVOLVERÃO LEGILIMÊNCIA E OCLUMÊNCIA COMO SNAPE?

A mente não é um livro; não de acordo com o professor Severo Snape, o renomado legilimente. A mente não pode simplesmente ser destrancada à vontade e analisada com facilidade. Da mesma forma, os pensamentos dos bruxos não estavam "marcados no interior do crânio". Pelo contrário, a mente é uma cebola psíquica. É um órgão complexo de camadas concêntricas. E, no entanto, aqueles que dominavam os poderes necessários ainda podiam mergulhar na mente de suas presas.

No universo de *Harry Potter*, legilimência é a habilidade de passar magicamente pelas numerosas camadas da mente de um mago e entender adequadamente o que se encontrou. Bruxos, como Snape, que praticavam habilmente a arte de tais investigações psíquicas, são conhecidos como legilimentes. Para os trouxas, a habilidade pode ser chamada de leitura da mente. Mas, naturalmente, magos praticantes consideravam a comparação inocente.

O oposto da legilimência é a oclumência. Os bruxos usam oclumência para proteger sua mente da intrusão de um legilimente. Voldemort usou amplamente a legilimência, sem varinha e sem palavras, para entrar na mente dos bruxos. De fato, Voldemort era considerado o legilimente mais talentoso de todos os tempos, embora fosse principalmente pelos seus Comensais da Morte. No entanto, Harry precisava dominar a oclumência para esconder sua mente de Voldemort.

A própria palavra, oclumência, lembra o leitor do oculto. O ocultismo (da palavra latina *occultus*, que significa clandestino, oculto ou secreto) é o conhecimento do oculto. Embora comumente "oculto" também se refira ao conhecimento do paranormal, ao contrário do conhecimento do mensurável, usualmente referindo-se à ciência. Então, o que a ciência tem a dizer dessa prática ocultista?

Fantasia da mente

Noções ocultistas de poder psíquico nos acompanham há séculos. Se Isaac Newton não tivesse sido inspirado pelo conceito oculto de ação à distância, ele poderia não ter desenvolvido sua teoria da gravidade. O uso por Newton das forças ocultas de atração e repulsão entre partículas influenciou o economista britânico John Maynard Keynes a sugerir que "Newton não foi o primeiro da era da razão: ele foi o último dos mágicos".

O estudo do ocultismo está associado à sabedoria oculta. Para o ocultista, como Newton, é o estudo da verdade, uma verdade mais profunda que se encontra abaixo da superfície. Muita fantasia foi escrita sobre esse sentimento de uma realidade espiritual mais profunda, que é pensada para se estender além da razão pura e das ciências físicas. Muitos escritores desse tema acreditam que os poderes redescobertos com base em uma realidade oculta podem ser desenvolvidos no curso de nossa evolução futura.

Poderes psi é o nome dado a todo o espectro de poderes mentais, um elemento presumido dessa realidade oculta. O nome deriva do estudo da pseudociência da parapsicologia e é um termo amplamente usado na tradição da fantasia. Nos Estados Unidos, o termo foi particularmente proeminente durante o "boom psi" que John W. Campbell Jr. promoveu na revista *Astounding Science Fiction* durante o início dos anos 1950. Um termo relacionado, psiônico, derivado da combinação do psi, significando parapsicologia, com eletrônica, surgiu no final da década de 1940 e no início da década de 1950. Mais uma vez, Campbell foi instrumental. A psiônica girava em torno da aplicação da eletrônica à pesquisa psíquica.

Um dos primeiros instrumentos utilizados foi a máquina Hieronymus. Deliberadamente, a invenção do Dr. Thomas Galen Hieronymus, mas promovida amplamente por Campbell em editoriais na *Astounding Science Fiction*, as máquinas Hieronymus eram protótipos de máquinas reais. Elas supostamente trabalhavam por analogia ou simbolismo e eram conduzidas por poderes psi. Por exemplo, alguém poderia criar um receptor ou dispositivo similar de prismas e tubos de vácuo usando papelão simples e barato ou representações esquemáticas. Com o uso de poderes psi, tal máquina funcionaria como seu equivalente verdadeiro. Campbell afirmou que essas máquinas realmente funcionavam dessa maneira. Talvez não seja nenhuma surpresa que o conceito nunca foi levado a sério em outro lugar. Ainda assim, escritores de fantasia especularam sobre um futuro em que o homem pudesse aproveitar essas capacidades mentais.

Um exemplo típico é *O fim da infância* (1953) de Arthur C. Clarke. O primeiro amanhecer de uma era espacial é repentinamente abortado quando enormes espaçonaves alienígenas um dia aparecem acima de todas as principais cidades da Terra. Os alienígenas, os Senhores Supremos, terminam rapidamente a corrida armamentista e o colonialismo. Soa familiar? A ideia foi copiada em filmes várias vezes desde então. Em *O fim da infância*, depois de cem anos decorridos na História, as crianças humanas começam a exibir poderes psi. Elas desenvolvem telepatia e telecinesia.

Tornaram-se distantes de seus pais. O propósito dos Senhores Supremos na Terra é finalmente revelado. Eles estão a serviço da Mente Suprema, um ser extraterrestre amorfo de pura energia. Os Senhores Supremos são encarregados de promover a transição da humanidade para um plano superior de existência e uma fusão com a Mente Suprema.

Fatos da mente

Verificando a realidade. Curiosamente, no prefácio de uma reimpressão de 1990 e reescrita parcial de *O fim da infância*, Clarke tentou desvendar a pseudociência de sua mensagem extraterrestre:

> Eu ficaria muito angustiado se este livro contribuísse ainda mais para a sedução do ingênuo, agora cinicamente explorado por toda a mídia. Livrarias, bancas de jornais e ondas de rádio estão todas poluídas com bobagens inócuas sobre OVNIS, poderes psíquicos, astrologia, energias das pirâmides.

Então, qual é exatamente o problema com leitura de mentes? E quais são as perspectivas futuras de os seres humanos desenvolverem um tipo de telepatia? A coisa mais próxima da telepatia atualmente em nosso planeta é o sentido do tubarão. Tubarões e vários outros peixes desenvolveram uma eletrossensibilidade. Eles usam órgãos chamados *ampolas de Lorenzini* para sentirem surtos de impulsos nervosos em outros peixes e vermes, enquanto estes tentam se enterrar na areia do fundo do mar, para fugir do tubarão predador.

Mas a leitura dos pensamentos, de cérebro para cérebro diretamente, precisaria de algum tipo de transmissão eletromagnética. E mesmo se houvesse um canal possível de conversa, além da transmissão eletromagnética, as mentes comunicantes precisariam estar em harmonia – ou seja, a célula nervosa idêntica nos dois cérebros teria que ter exatamente o mesmo objetivo. Já sabemos que esse não é o caso dos cérebros trouxas. Nem mesmo gêmeos idênticos, que comumente se acredita terem poderes telepáticos, têm esse sentido mais do que a maioria dos trouxas. Até os gêmeos têm experiências contrastantes em seus anos primários. E essas diferenças programam cada cérebro individual com diversas conexões de células nervosas, com vários tipos de conotações contrastantes. Em resumo, um conceito como o quadribol terá diferentes nuances nervosas de um trouxa para outro.

Isso vale para os bruxos. Cérebros diferentes baseados nas diferentes experiências de uma vida significariam arquiteturas mentais diferentes. A ressonância entre essas mentes dificultaria a passagem de mensagens de um bruxo para outro. As mentes dos bruxos seriam tão diferentes umas das outras quanto as dos trouxas.

Para trouxas, telepatia tecnológica pode se provar mais promissora. No futuro, poderemos desenvolver uma forma de *wetware* psiônico – tecnologia de computadores na qual o cérebro trouxa está ligado a sistemas artificiais. Um modem interno, por exemplo, pode possibilitar o envio de mensagens para outro dispositivo, implantado em outra cabeça. Esse segundo dispositivo retransmitiria então a mensagem ao destinatário. E, para quem não sabia, pode parecer telepatia do lado de fora!

A EVOLUÇÃO PODERIA PRODUZIR SEU PRÓPRIO FOFO?

A história tem muitos cérberos. Esses cães sobrenaturais do folclore são normalmente os guardiões do submundo, do sobrenatural ou do reino dos mortos. E algumas vezes, mesmo se o nome deles é Fofo, eles guardam a Pedra Filosofal no castelo de Hogwarts.

Comprado por Hagrid de um "camarada grego" no Caldeirão Furado, Fofo era um cão enorme e feroz de três cabeças cuja maior fraqueza era adormecer rapidamente ao primeiro som de uma música. Harry, Rony e Hermione viram Fofo pela primeira vez na área proibida no terceiro andar do castelo. Sempre esperta, Hermione notou que, assim como os outros cérberos da História, Fofo estava guardando algo. Ele ficava em cima de um alçapão, que os três deduziram depois que seria o que levaria à Pedra Filosofal.

Quando encontraram Fofo outra vez, Harry levou uma flauta que pudesse ser tocada para ajudar a ninar Fofo. Quando a Pedra foi destruída e as obrigações de Fofo concluídas, Hagrid levou-o para a Floresta Proibida e o libertou. Logo depois, Dumbledore enviou Fofo de volta a sua nativa Grécia.

A versão cinematográfica de Fofo parece ser uma raça de cachorro inglesa, conhecida como Staffordshire Bull Terrier. E para fazer as três cabeças mais realistas, cada uma ganhou sua própria personalidade: uma "esperta", uma "alerta" e uma "sonolenta". Mas a evolução poderia produzir seu próprio Fofo?

Monstros de muitas cabeças

Monstros de muitas cabeças têm um longo pedigree na fantasia. Uma hidra de muitas cabeças uma vez avançou sobre um exausto Hércules, filho daquele "camarada grego" Zeus. Hércules percebeu que um animal tão apavorante faria crescer novamente qualquer cabeça que fosse cortada fora. Agora, uma criatura com múltiplas cabeças com partes do corpo que podem crescer novamente é uma proeza maravilhosa da imaginação fantástica. Mas de onde ideias grotescas como a da hidra e de Fofo vêm? Os autores de fantasia poderiam ter obtido o conceito da própria natureza?

Acadêmicos têm registrado casos de espécimes com muitas cabeças por anos. Nos anos 1940, um embrião de peixe-cachimbo com duas cabeças foi chamado de "pequena monstruosidade". Mais recentemente, biólogos têm visto muitos exemplos de criaturas de duas cabeças em seus laboratórios. Usando genética moderna, acadêmicos acabaram entendendo as mutações e deslocamentos celulares que podem permitir esse fenômeno, e casos similares antigos podem ter levado à criação dos mitos originais. Contadores de histórias antigos podem ter visto tais anormalidades e as incorporado em seus contos.

Animais de duas ou até mesmo três cabeças são ocasionalmente encontrados na natureza. O fenômeno, conhecido como poliencefalia, não é limitado a uma classe de animais. Recentemente, um feto de tubarão-cabeça-chata foi encontrado no Golfo do México, e um golfinho de duas cabeças apareceu em uma praia turca. Ambos são casos de gêmeos siameses – prole que se desenvolve de um óvulo que falha em se separar depois da fertilização. Tal prole frequentemente terá pares de alguns órgãos internos e até membros.

A lista de criaturas de muitas cabeças tem milhões de anos. Inclui não só cobras, tartarugas e gatinhos, mas aqueles monstros antigos que paleontólogos descobriram no registro de fósseis. Evolucionistas estimam que há uma série de mecanismos que podem levar a mais de uma cabeça ou rosto. As cabeças são um exemplo de evolução convergente. Elas evoluem separadamente em grupos diferentes de espécies. Cabeças parecem apenas ser adaptações úteis que podem surgir em uma variedade de criaturas. E é por isso que vários órgãos sensíveis como os olhos, ouvidos, nariz e boca também ficam lá.

O gene do Sonic!

A raiz do fenômeno de muitas cabeças está em nível genético. Um gene com grande influência, especialmente na largura do rosto, é o agradavelmente chamado "Sonic Hedgehog" (Sonic Ouriço) ou SHH. O nome é o resultado de uma série de genes de ouriço (HH), que se modificam para fazer moscas-das-frutas nascerem com estruturas assemelhadas a pelo espetado – que se parecem muito com ouriços pequenininhos.

Vertebrados têm o gene Sonic. E se o sinal de SHH é aumentado durante o desenvolvimento embrionário, coisas estranhas podem acontecer. A cabeça pode se alargar muito; você tem dois rostos em vez de um. Estamos no meio do caminho de produzir um Fofo, mas não chegamos lá. O gene Sonic só resulta em espécimes de muitos rostos, não em muitas cabeças. Para um pescoço e cabeça totalmente separados crescendo de um único corpo, um grupo de células, conhecido como um organizador, no embrião em estágios iniciais, deveria ser invocado. Acadêmicos estão começando a entender por que acontecem tais passos anormais no desenvolvimento. E um fator mais crucial parece ser a temperatura. Por exemplo, um biólogo descobriu que temperaturas altas na água resultaram no desenvolvimento de embriões de peixe-zebra com duas cabeças. A natureza pode muito bem ter inspirado a fantasia, mas o reverso também é verdade – a fantasia inspirou a ciência. O mito antigo sobre Hércules inspirou o zoólogo sueco Carlos Lineu a nomear um gênero de animais simples de água doce, hidra. Esse grupo de animais aquáticos minúsculos, descobertos por Lineu em 1758, é particularmente fascinante, pois eles têm apêndices que parecem cobras e até mesmo a habilidade de se regenerarem como a hidra no mito.

Trouxas são psicologicamente propensos a ficarem perturbados por anormalidades naturais. Tais reações ajudam a explicar por que a deformidade fez de Fofo uma criatura tão medonha. De fato, a descrição do embrião de peixe-cachimbo de duas cabeças como uma "pequena monstruosidade" também serve para mostrar o desconforto humano com a poliencefalia. E isso significa que Fofo está longe de ser o único monstro de muitas cabeças na mitologia humana. Há um mito japonês antigo, *yamata no orochi*, que fala de uma cobra de oito cabeças. Um mito eslavo, *zmey gorynych*, fala de um dragão de três cabeças. E, claro, um outro animal que Héracles teve que enfrentar foi o cão de muitas cabeças, Cérbero.

Então, de muitas formas, a evolução já fez seu próprio Fofo. A ciência ainda tem muito a descobrir sobre poliencefalia nas muitas criaturas de nosso planeta. Mas levando-se em consideração a baixa taxa de sobrevivência dos organismos de muitas cabeças, tanto na natureza como em cativeiro, a feição é capaz de permanecer uma visão extraordinária e perturbadora para trouxas por toda a parte. Tais criaturas representam muitos desafios em um só, um adversário que não pode ser derrotado facilmente. E toda a cultura de tais monstros de muitas cabeças provavelmente terá uma longa vida, diferente das criaturas poliencefálicas na natureza.

ONDE E QUANDO HARRY PODERIA ENCONTRAR DRAGÕES?

As escamas escarlates macias do Meteoro Chinês. Os olhos amarelos e o chifre de bronze do Rabo-Córneo Húngaro. A espinha negra do Dorso-Cristado Norueguês. E as escamas de cor acobreada do Dente-de-Víbora Peruano. Dragões tiveram um papel imaginativo no universo de *Harry Potter*.

Inclusive, o lema da Escola de Hogwarts era *draco dormiens numquam titillandus*, ou, "nunca faça cócegas em um dragão adormecido". O guarda-caça de Hogwarts, Rúbeo Hagrid, verdadeiramente adorava dragões. Por um curto período, Hagrid cuidou de um Dorso-Cristado Norueguês chamado Norberto. Quando descobriu que Norberto era uma fêmea, ela foi renomeada Norberta.

No mundo bruxo, vários recursos valiosos eram obtidos de dragões. O desafio era realmente obter esses recursos, já que era necessária uma dúzia de bruxos apenas para atordoar o dragão. Por medo de serem vistos por trouxas, que acreditavam que eles eram apenas um mito, os dragões eram mantidos em reservas especiais ao redor do globo, longe da habitação humana. Dragões não podiam ser domesticados, apesar de alguns indivíduos tentarem fazer isso. Zoólogos bruxos que se especializavam em dragões eram conhecidos como dragonologistas.

Como folcloristas podem confirmar, dragões na fantasia normalmente possuem feições e características de muitas outras criaturas. Os da Índia podem ter a cabeça de um elefante. Os do Oriente Médio podem ter os traços de um leão, ou ave de rapina, ou várias cabeças de serpentes. E a cor do corpo dos dragões, variando de verde, vermelho ou preto até os mais raros amarelo, azul ou branco, ecoam o habitat da cultura onde o dragão é imaginado. Mas, se Harry estava procurando por um dragão, onde e quando ele poderia encontrar um?

Uma história de dragões

Dragões são talvez uma das criaturas mais duradouras da fantasia. Eles adornam as bandeiras do País de Gales, Butão e Malta. Também apareciam na bandeira chinesa durante a época da dinastia Qing. Eles são conhecidos em muitas culturas globais, hoje povoando filmes, ficção tolkeniana e videogames. Mas sua história é longa e antiga.

Pouco se sabe sobre quando e onde as histórias de dragões começaram a aparecer. Mas na época dos gregos e sumérios antigos, histórias sobre serpentes voadoras enormes e draconianas já estavam sendo contadas. Foi-se a época em que a história via os dragões de uma maneira equilibrada. Como outros animais fantásticos, eles eram frequentemente cordiais e protetores; mas, como muitos animais selvagens, podiam às vezes se tornar suspeitos e perigosos. Contos de dragões gentis aparentemente sumiram em uma lufada de fumaça com a expansão global do cristianismo, quando dragões começaram a ter um ar mais demoníaco e suas formas sinistras começaram a representar Satã.

Nos tempos medievais, a maioria das pessoas formava suas ideias sobre dragões a partir da Bíblia. Na verdade, as pessoas mais devotas acreditavam na existência literal de dragões. Veja a evidência do leviatã draconiano retirada do Livro de Jó, Capítulo 41:

Não deixarei de falar de seus membros, de sua força e de seu porte gracioso. Quem consegue arrancar sua capa externa? Quem se aproximaria dele com uma rédea? Quem ousa abrir as portas de sua boca, cercada com seus dentes temíveis? Suas costas possuem fileiras de escudos firmemente unidos; cada um está tão junto do outro que nem o ar passa entre eles. Estão tão interligados que é impossível separá-los. Seu forte sopro atira lampejos de luz; seus olhos são como os raios da alvorada. Tições saem da sua boca; fagulhas de fogo estalam. Das suas narinas sai fumaça como de panela fervente sobre fogueira de juncos. Seu sopro acende o carvão, e da sua boca saltam chamas.

Dragões se tornaram uma das poucas criaturas da fantasia retratadas como potentes e poderosas e um inimigo valioso e impressionante para matar. A igreja cristã criou mitos de aventureiros virtuosos e santos sinceros, em missões para procurar e derrotar dragões, um símbolo adequado para Satã. Os dragões se tornaram sinônimos de sopro de fogo.

Artistas medievais, como o gênio holandês Hieronymus Bosch, pintou dragões que cuspiam fogo acima da entrada do inferno. Observe mais de perto no painel direito do *Jardim das delícias terrenas*, de Bosch, pintado no início dos anos 1500, e você poderá ver o eventual dragão, voando acima dos buracos de fogo infernal. Os Portões do Inferno eram frequentemente representados pela boca de um monstro, a fumaça e as chamas de Hades jorrando para fora. Para o devoto que acreditava na literal realidade do inferno, a existência de dragões satânicos não era um exagero. Afinal, esse era um tempo em que as pessoas acreditavam em bruxas e lobisomens, anjos e demônios, e hereges e perseguição. Em 1458, um porco foi enforcado de verdade por assassinato na

Borgonha. O juiz francês Henri Boguet disse, em 1602, que uma maçã estava possuída por demônios. E alguns anos depois, jesuítas italianos tentaram calcular as dimensões físicas do inferno. Tempos estranhos, de verdade.

Aqui há dragões

Há evidência de uma conexão entre dragões e criaturas de verdade? Possivelmente. A crença em dragões não foi simplesmente tirada do nada. Havia uma forte evidência na forma de ossos gigantes, que eram desenterrados ocasionalmente em várias partes do globo. Por milênios, poucas pessoas souberam o que pensar deles. Com o tempo, dragões se tornaram o palpite da vez para aqueles que não tinham nenhum conhecimento de dinossauros.

A palavra dragão é derivada do grego antigo *draconta*, que significa "para observar". Aqui está a origem da noção de que os dragões guardam montanhas de ouro – ou Gringotes. Ninguém parecia se perguntar por que uma criatura mítica tão poderosa quanto um dragão poderia precisar de moedas para pagar por qualquer coisa. Talvez tenha sido apenas a recompensa recebida pelos bravos aventureiros que conseguiram derrotar a poderosa fera.

Hoje, poucos acreditam que uma criatura tão imponente e fantástica que cospe fogo, como um dragão, possa estar à espreita em alguma terra perdida, aguardando ser descoberta enquanto habita alguns céus desconhecidos ainda não vistos. Mas, apenas alguns séculos atrás, acreditava-se que os dragões tinham sido finalmente descobertos. Marinheiros que retornavam da Indonésia contavam histórias do dragão-de-komodo. Destrutivo, mortal e com três metros de comprimento, o dragão-de-komodo poderia ser um primo não voador de animais mais exóticos em outros lugares? O mito foi ajudado pela crença que a mordida do dragão-de-

-komodo era mortal. Que mesmo seu hálito era tóxico. O mito permaneceu até 2013, quando uma equipe de estudiosos da Universidade de Queensland descobriu que a boca do komodo não era mais cheia de bactérias tóxicas do que as de outros carnívoros. O dragão é claramente um camaleão da imaginação.

Pesquisas acadêmicas sobre uma história natural de dragões sugerem que uma enorme cornucópia de criaturas influenciou a ideia moderna de dragão. Traços e características de enormes cobras e hidras, gárgulas e deuses-dragão, bem como animais mais obscuros, como basiliscos, serpes e cocatrizes, moldaram o que pensamos da aparência dos dragões. Embora a maioria das pessoas possa imaginar facilmente um dragão, suas noções e descrições variam dramaticamente. Alguns podem imaginar dragões alados; outros os colocam diretamente na terra firme. Alguns dragões recebem voz, ou respiram fogo; outros os fazem mudos e sem fumaça. Alguns podem ser medidos em meros metros; outros se estendem por quilômetros. E alguns dragões são retratados em um mundo submarino, enquanto outros são encontrados apenas em cavernas nas colinas mais altas. Portanto, se Harry estivesse procurando criaturas fabulosas, draconianas em tamanho e variedade, sua melhor aposta seria voltar aos dias dos dinossauros, quando eles se tornaram os vertebrados terrestres dominantes, há mais de 200 milhões de anos.

POR QUE OS POMBOS, E NÃO AS CORUJAS, SERIAM O MELHOR AMIGO DE UM FEITICEIRO?

E las voam furtivamente pelo céu em noites sombrias iluminadas pela lua. Elas seguem seu caminho silencioso pelos céus escuros indo e voltando do Corujal no castelo de Hogwarts. E elas planam em ventos sem nome, seus pios melancólicos sendo a única dica de que carregam mensagens para os bruxos.

As corujas são tão abundantes na natureza quanto no mundo mágico da série *Harry Potter*. Corujas são encontradas em todo o planeta, com mais de 200 espécies dessa ave na maior parte do tempo solitária. Aves de rapina noturnas, corujas geralmente ficam na posição vertical, com visão binocular e penas evoluídas para um voo silencioso. Raramente aparecem durante o dia.

O bufo real, a espécie ostentada pelos Malfoy, tem uma envergadura de quase dois metros e pode comer raposas, garças e até cães pequenos. Então, pelo menos algumas corujas são grandes e fortes o suficiente para transportar encomendas. Embora sejam certamente inteligentes para isso, corujas nunca foram usadas para entregar mensagens.

Os seres humanos mantêm as corujas em alta consideração desde antes do início da civilização. A caverna de Chauvet no departamento de Ardèche, no sul da França, contém, entre sua maravilhosa exibição de pinturas figurativas, a imagem clara de uma coruja, gravada na rocha. A coruja é mostrada na parede da caverna com a cabeça vista de frente, mas o corpo visto de trás. Não é de admirar que mesmo culturas pré-históricas associassem corujas a poderes sobrenaturais. Os primeiros seres humanos também podem ter sido fascinados pela outra habilidade não humana da coruja de ver no escuro, como na própria caverna. Estudiosos consideram que a pintura da coruja da caverna de Chauvet tem pelo menos 30 mil anos. É um longo pedigree em magia.

Embora as corujas ainda não sejam utilizadas pelos trouxas como mensageiras, a natureza oferece algumas alternativas impressionantes.

Andorinhas do Ártico

O pássaro com a energia mais espetacular é a andorinha do Ártico. Essa ave marinha é poderosamente migratória. Não vê um, mas dois verões a cada ano, pois migra ao longo de uma rota do norte do Ártico para a costa antártica no verão do sul, apenas para seguir o mesmo caminho mais uma vez, seis meses depois. Estudos trouxas recentes sugerem uma viagem de ida e volta anual de cerca de 70 mil quilômetros para andorinhas nidificando na Islândia, e incríveis 90 mil quilômetros para andorinhas nidificando nos Países Baixos.

As andorinhas do Ártico são de longe as criaturas com migrações mais longas de todo o reino animal. Não apenas isso, mas a andorinha do Ártico é um pássaro de vida longa. Muitas atingem de quinze a trinta anos, em alguns casos ultrapassando muitas corujas selvagens. A espécie também é abundante, com uma população estimada em um milhão de aves em todo o mundo.

Mas a andorinha do Ártico ainda não se mostrou como uma portadora de mensagens. O pedigree mais distinto como entregador da natureza certamente deve ir para o pombo comum.

Usando o pombo

Considere a candidatura do humilde pombo. Os pombos, assim como as rolinhas, pertencem à família das aves *Columbidae*. A família inclui mais de 300 espécies e é provavelmente a ave mais comum do mundo. A espécie a que chamamos mais de "pombo" é o pombo-das-rochas. Voos de pombos tão longos quanto 1.600 quilômetros foram registrados, e sua velocidade média de voo é aproximadamente a velocidade de um carro. Os pombos têm uma longa história com os seres humanos como transportadores. Os egípcios e os persas os usaram pela primeira vez para transmitir mensagens, cerca de três mil anos atrás, a República de Gênova montou um sistema de torres de vigia de pombos que corriam ao longo do Mar Mediterrâneo.

Mas como os pombos sabem para onde voar? Ninguém sabe ao certo. Toda hipótese aparentemente razoável foi testada até a destruição. Alguns estudos trouxas sugeriram "magneto-percepção" – que os pombos têm um tipo de mapa e bússola na cabeça. Essa percepção significa que às vezes eles usam o sol para descobrir aonde estão indo e, já que a Terra é como um grande ímã, eles também podem usar o campo magnético da Terra para guiá-los para casa. Quando se aproximam de onde estão indo, supõe a teoria, eles também usam pontos de referência. Acreditando que a percepção dos pombos era magnética, os trouxas usaram pombos como mensageiros na Segunda Guerra Mundial. Pombos eram rotineiramente levados nos bombardeiros Lancaster, e juntos os pássaros contribuíram para o esforço de guerra como o Corpo de Pombos da Força Aérea Real Britânica. A ideia era que, se os pombos fossem deixados no Mar do Norte, no caminho de volta de uma triagem aérea sobre a Alemanha, o navegador de voo prenderia uma referência de mapa da última posição do avião na perna do pombo, caso o contato por rádio fosse perdido. Esses pombos salvaram milhares de vidas.

Heróis de guerra

Mas os pombos estavam usando magnetismo e pontos de referência? Alguns foram soltos no meio de uma noite com uma neblina gelada, a 160 quilômetros da terra, sem pontos de referência à vista, e ainda assim chegaram em casa. Os pombos mais destacados receberam medalhas dos britânicos. A lista de desempenho meritório tem cerca de quinhentos exemplos de tais feitos surpreendentes. Eles eram literalmente largados de aviões no meio do nada, geralmente durante as noites frias de inverno, mas ainda chegavam em casa na manhã seguinte.

Para chegar ao fundo da percepção dos pombos, os trouxas tiveram bastante trabalho. Eles bloquearam as narinas do pombo com cera. Aguarrás foi colocada nos bicos para desorientar o olfato, porque eles imaginaram que o misterioso sentido dos pássaros poderia ser olfativo. Eles até cortaram os nervos olfativos dos pombos, em alguns experimentos duvidosos.

Mas os trouxas não se intimidaram com a falta de sucesso. Eles amarraram ímãs nas asas dos pássaros. Eles até enrolaram bobinas magnéticas de Helmholtz na cabeça dos pombos. Mesmo quando os trouxas equiparam a visão dos pássaros com lentes de contato de vidro fosco, e os libertaram a mais de 320 quilômetros de casa, eles revoaram dentro de 400 metros do pombal!

Mesmo que os pombos sejam soltos em dias nublados, ou se seus relógios internos sejam trocados por 6 ou 12 horas, mantendo-os em dias artificiais por semanas, eles ainda voltam para casa.

Cada uma dessas experiências trouxas teve como objetivo testar se os pombos funcionam por meio de uma bússola interna ou por reconhecer e usar pontos de referência no solo abaixo. Um experimento trouxa até anestesiou os pombos e os colocou em tambores rotativos, em um esforço para acabar com seu senso de direção. Ainda assim, quando soltos, eles voaram direto para casa.

Laços com o lar

Por mais de cem anos, os pombos têm continuado sendo um mistério. Charles Darwin sugeriu em 1873, em um artigo sobre a origem dos instintos na *Nature*, que os pombos talvez se comprometam a memorizar sua jornada e, de alguma forma, repeti-la no caminho de casa. Todas as evidências até o momento sugerem que os meios pelos quais o pombo navega continuam sendo um mistério. No entanto, parece haver alguma forma desconhecida de conexão entre o pombo e sua casa.

Como quase todos os experimentos anteriores envolviam a mudança dos pombos de sua casa, um novo conjunto de experimentos mudou sua casa usando um pombal móvel. Mais uma vez, há uma história aqui, já que o Corpo de Pombos britânico colocava pombais móveis atrás das linhas de frente na Primeira Guerra Mundial. Como o Nôitibus Andante no mundo mágico, os pombais móveis foram criados usando ônibus de Londres, especialmente convertidos para esse propósito.

Quando os pombais se moveram pela primeira vez, a apenas 800 metros, os pombos pareceram totalmente confusos. Embora pudessem ver o pombal levemente deslocado, eles circularam a área, voando sobre o local onde o pombal costumava estar, por várias horas. Assim como qualquer um ficaria confuso, se descobrisse que sua casa havia sido movida 90 metros rua abaixo, enquanto estava fora. Eventualmente, os mais corajosos dos pássaros tentavam a nova localização do pombal simplesmente mergulhando no ar. Depois que o pombal foi movido várias vezes, o resto dos pombos voltou para casa.

O segredo do longo e prestigiado pedigree do pombo permanece um mistério. Ele parece ser o pássaro perfeito para o mundo bruxo. Abrindo caminho com a mais recente mensagem bruxa, faça chuva ou faça sol, de casa para o Beco Diagonal, e para um enorme Pombal em Hogwarts na Torre Oeste do Castelo.

É POSSÍVEL ESTUPORAR ALGUÉM?

É 2011, o local é Londres, Inglaterra, e você é um policial que faz uma pausa bem merecida para devorar seus sanduíches cuidadosamente preparados. Seu turno termina em algumas horas e você está desesperado para voltar para sua família. Então, há uma chamada no seu rádio da polícia.

"Jovens estão saqueando lojas e queimando carros em Tottenham. Todas as unidades disponíveis são necessárias."

Você deixa o sanduíche cair e responde, imediatamente indo para a cena com seu colega. À medida que a situação esquenta, você se vê cercado por agitadores, a maioria dos quais parecem mais jovens que seus filhos. Temendo pela sua segurança, você saca sua arma e se prepara para o combate. Situações como essa são reais para milhares de agentes da lei em todo o mundo e, com a prevalência do terrorismo, houve um apelo por maior segurança.

Em tal profissão, é claro que há uma necessidade real de métodos seguros para incapacitar esses possíveis agressores, sem causar-lhes danos sérios. Especialmente quando não são legalmente adultos e responsáveis por suas ações. Claramente, um equivalente trouxa do feitiço impressionante *Estupefaça* será necessário. Mas como isso é possível?

Estupefaça!

No site *Pottermore* de J.K. Rowling, o feitiço estuporante é descrito como um feitiço útil usado para nocautear um oponente em um duelo, atordoando-o ou deixando-o inconsciente. Você não precisa ser um mago ou lançar um feitiço para criar esse efeito no mundo real.

O feitiço estuporante é como o equivalente bruxo do nocaute de um boxeador. No boxe, um nocaute é simplesmente um golpe que incapacita um oponente, seja imediatamente com uma perda de consciência, ou depois de receber um forte golpe no corpo que impede um oponente de continuar.

Embora um nocaute possa ser causado por um golpe em qualquer parte do corpo, um golpe na cabeça é aquele que geralmente vem à mente. Quando atingido, o golpe pode levar a vítima a perder a consciência, capotando no chão. No entanto, se o lançamento do feitiço estuporante funcionasse dessa maneira, seria difícil para o bruxo que recebesse o baque esconder seus efeitos físicos posteriores.

O que exatamente está acontecendo dentro da cabeça de uma pessoa para realmente causar um nocaute?

Traumatismo cranioencefálico

O cérebro é um órgão frágil com mais de 100 bilhões de nervos conectados através de trilhões de sinapses. Felizmente, o cérebro está rodeado pelo crânio, que forma uma casca dura para ajudar a protegê-lo de coisas como contaminação, perfuração e deformação.

No entanto, embora o crânio possa aguentar um impacto, o cérebro ainda pode ser chacoalhado como resultado de um movimento repentino e forte. Isso porque há um espaço cheio de fluido entre o cérebro e o crânio. Dependendo da força do impacto, o cérebro pode receber trauma na forma de concussão: a pessoa pode se sentir atordoada ou até experimentar uma perda de consciência por alguns segundos ou minutos.

A concussão é o tipo mais comum de lesão cerebral. À medida que o cérebro oscila, contorce e ricocheteia no interior do crânio, esticando os vasos sanguíneos, danificando os nervos cranianos e matando células cerebrais, vários neurotransmissores também disparam simultaneamente, sobrecarregando o sistema nervoso para um estado temporário de paralisia. À medida que os músculos relaxam posteriormente, a pessoa despenca no chão.

Também é possível que um impacto interrompa o fluxo de sangue e oxigênio para a cabeça, novamente causando um blecaute. Em qualquer caso, pode-se esperar que a vítima sofra efeitos negativos, como dores de cabeça, confusão, alterações de humor e perda de memória. Descanso é considerada a melhor coisa para recuperar, mas, mesmo assim, pode levar alguns meses ou até anos para uma concussão melhorar completamente.

Claramente, estuporar através de concussão deixaria a maioria dos bruxos com cabeças pesadas. Que tal uma maneira menos traumática de nocaute?

Substâncias de nocaute

Para isso, precisamos observar uma sala de operações médicas. Na cirurgia, é importante que o paciente permaneça completamente parado e relaxado enquanto o cirurgião faz suas incisões precisas. Um coquetel de medicamentos é usado para atingir o estado desejado no paciente. Estes são administrados por um anestesiologista que tipicamente fornece sedativos para nos fazer dormir e analgésicos para ajudar com a dor. Geralmente, os anestésicos são usados para reduzir a sensação, que inclui dor, enquanto os analgésicos apenas lidam com a dor. Como o *Estupefaça* age para efetivamente fazer a pessoa ficar inconsciente, parece mais um sedativo do que um anestésico. Na cirurgia, usa-se a anestesia geral para induzir inconsciência, embora ela também possa ser usada para remover a sensação em um paciente consciente. Ela pode ser administrada diretamente nas veias, ou inalada como gás através de uma máscara respiratória.

Sob anestesia geral, o paciente frequentemente precisa de um tubo respiratório a ser inserido (intubação) na traqueia para auxiliar na respiração e para proteger os pulmões. Efeitos colaterais resultantes de anestesia geral podem incluir uma pequena chance de vômitos e/ou náusea.

Algumas substâncias historicamente usadas para tornar as pessoas inconscientes incluem o triclorometano (também conhecido por clorofórmio) e o éter etílico, normalmente apenas chamado de éter. Todos esses métodos de aplicação exigem a administração direta e acompanhamento de perto por alguém. As implicações são que um trouxa teria que chegar perto para administrar seu equivalente ao feitiço *Estupefaça*, enquanto bruxos poderiam fazê-lo à distância.

Nós temos alguma coisa que poderia oferecer a mesma vantagem?

À distância

Considerando as formas mencionadas antes para deixar o cérebro inconsciente, ou seja, através de traumatismo ou quimicamente, há algumas maneiras com que uma pessoa poderia ser nocauteada à distância. Algumas são mais imediatas e outras demorariam um pouco mais para produzir seus efeitos. Em relação ao traumatismo cranioencefálico, é possível que pudesse resultar de um projétil não letal como cápsula de tecido, bala de madeira, borracha ou plástico. Estes são disparados de armas regulares ou especialmente modificadas. No entanto, em situações reais, o uso desses projéteis levou a algumas fatalidades quando disparados à queima-roupa ou em direção a uma parte particularmente vulnerável do corpo.

Algo menos perigoso para ser disparado pode ser o dardo tranquilizante. Estes são usados frequentemente para capturar animais. O dardo é basicamente uma seringa cheia de drogas que injeta o conteúdo no animal no impacto. A injeção também não é nas veias; é na verdade absorvida através dos músculos, o que significa que pode levar de alguns poucos minutos a mais de meia hora para o animal sentir seus efeitos.

Essa não é no entanto uma opção realista para humanos. A dose deve ser alta o bastante para ser eficiente, mas não tão forte para causar uma overdose no alvo. A roupa que o alvo estiver usando também afeta a forma como o dardo impactará o corpo. Portanto, sempre que vemos dardos tranquilizantes sendo usados nos filmes, os efeitos imediatos são mais uma licença poética do que realidade.

Então, o que dizer sobre outro item básico da indústria de contação de histórias: um pouco de gás do sono ou incapacitante? Bem, primeiro precisaria ser potente o suficiente para afetar qualquer indivíduo em uma determinada proximidade. Além disso, precisaria ser lançado de uma forma que mergulhe os alvos relevantes em uma quantidade suficiente da substância para causar o efeito de estupor, mas isso se mostrou ter alguns problemas.

Em 2002, forças especiais russas invadiram um teatro em Moscou para liberar 850 reféns de 40 ou mais sequestradores. Antes que as forças especiais entrassem, eles jogaram gás do sono dentro do teatro esperando conter os ocupantes. Infelizmente,

130 reféns perderam a vida devido aos efeitos do gás. Acredita-se que sufocaram, já que seu estado inconsciente significou que eles não puderam adotar a postura necessária para respirar adequadamente.

É possível estuporar alguém?

A resposta é um sonoro *sim*. Embora provavelmente envolva um traumatismo cranioencefálico ou uma infusão cheia de drogas. Entretanto, no caso de um traumatismo, não há garantia de que você não causará um dano cerebral ou outros problemas na pessoa como resultado disso. No caso de substâncias médicas, elas teriam que ser administradas sob condições cuidadosamente controladas para evitar quaisquer efeitos adversos. Então, embora seja possível, há uma baixa probabilidade de que um policial pudesse se safar ao deliberadamente escolher esse método para incapacitar um agressor.

E, apenas caso você esteja pensando que um *taser* (também conhecido como arma de choque) seja uma resposta óbvia a esta pergunta, não é. Um *taser* funciona ao interromper a atividade elétrica nos músculos entre as sondas do *taser*. Uma vez desconectado, o alvo pode se mover novamente, a menos que tenha sofrido efeitos colaterais inesperados. Enquanto atordoa, assim como um feitiço *Estupefaça*, ele não deixa a pessoa inconsciente. A menos que, claro, a pessoa tenha sido infeliz o bastante para cair e sofrer um traumatismo cranioencefálico.

POR QUE OS COMENSAIS DA MORTE "PURO-SANGUE" ESTÃO ERRADOS SOBRE REPRODUÇÃO E *POOL* GENÉTICO?

E snobismo carrega as sementes tanto da hipocrisia como do desespero. No universo de *Harry Potter*, o esnobismo guiava o desejo das famílias bruxas puro-sangue, que se consideravam superiores às bruxas e bruxos com trouxas em suas árvores genealógicas.

O próprio nome "puro-sangue" se refere a uma família bruxa sem sangue trouxa ou não mágico. A origem da ideia foi sinônima de Salazar Sonserina, um dos quatro fundadores da Escola de Magia e Bruxaria de Hogwarts, da casa Sonserina. A aversão de Sonserina a ensinar qualquer estudante nascido trouxa levou a um racha com seus três companheiros fundadores, e sua eventual saída de seu emprego e da escola.

Puros-sangues eram raramente, às vezes nunca, o que pareciam. Reivindicando herança puramente mágica, na realidade, as ditas famílias puro-sangue defendiam sua suposta pureza ao negar ou mentir sobre os nascidos trouxas em suas árvores genealógicas. Preferindo manter sua linhagem pura, essas famílias se relacionavam apenas com outros puros-sangues, e não com nascidos trouxas, ou "sangue ruim", um termo muito pejorativo no mundo bruxo.

Em negação e desespero frente a um mundo em mudança, puros-sangues então tentaram encher seus pares bruxos de hipocrisia ao sugerir que qualquer bruxo ou bruxa que se misturasse com "sangue sujo" era um "traidor do sangue". Na verdade, não havia um único bruxo ou bruxa cujo sangue não tivesse, em algum ponto, se misturado com o dos trouxas. Certamente, se não houvesse trouxas nas árvores genealógicas bruxas, a raça bruxa teria morrido há muito tempo, já que o número de famílias puro-sangue estava em declínio, e seu tipo sanguíneo era o menos comum do mundo bruxo.

A Casa dos Black era um exemplo. Eram uma típica família puro--sangue que afirmava que poderia traçar seu *status* de puro-sangue por muitas gerações de ancestrais mágicos. Eles negaram que sua árvore continha trouxas, e o lema da família era *Toujours pur*, ou "Sempre (ou Ainda) Puro". Mas o que a ciência tem a dizer sobre esses pontos de vista dos bruxos puro-sangue e muitos dos Comensais da Morte, cujo líder negava a existência de seu "pai trouxa imundo?".

Autoajuda para humanos

O mundo trouxa é cheio de livros de autoajuda, oferecendo conselhos sobre como melhorar a si mesmo. Talvez eles pensem que você precise de mais exercícios. Ou talvez você precise ler mais livros. Talvez seja apenas um caso de reduzir as visitas à sua lanchonete local. Mas o assunto da eugenia é melhor. A eugenia consiste em melhorar a raça humana como um todo, através de linhagens. Uma palavra estranha, eugenia. O *eu* é grego e significa bom; o *gen* se refere a nascimento ou raça. Juntos, formam a palavra que sugere que a qualidade da população humana pode ser melhorada.

Parece tudo bem, a princípio. Mas o problema real é que a eugenia tem uma história de ideias muito questionáveis. Um dos princípios básicos da eugenia é a oposição à miscigenação ou à mistura de raças. Comensais da Morte acreditam que são superiores a todos os demais, e se opõem à miscigenação, usando o insulto sangue ruim para os que são mestiços, o que inclui Hermione.

A eugenia tem uma história horrível. Quando as pessoas perceberam que os humanos herdaram traços de seus antepassados, começaram a desenvolver ideias para "melhorar" a raça humana. Veja o filósofo grego Platão. Em seu livro, *A República*, Platão argumentou que uma boa maneira de melhorar a raça humana era matar bebês inferiores no nascimento. Dificilmente um ganhador de votos. Platão tinha como oposição outro filósofo grego chamado Hipócrates (o fundador da Medicina). O Juramento Hipocrático é feito por médicos ainda hoje.

O primeiro conto a explorar a sociedade baseada em eugenia foi *As viagens de Gulliver*. Esse clássico de fantasia foi escrito em 1726 pelo escritor irlandês Jonathan Swift. Em um momento da história, Gulliver chega na terra dos Houyhnhnms. Essas criaturas, idênticas a cavalos, operam um programa de eugenia envolvendo a reprodução seletiva de seus escravos humanos, conhecidos como yahoos. No início, Gulliver é confundido com um dos yahoos, mas consegue convencer os cavalos mestres de que é inteligente o bastante para ser salvo. Se não tivesse falado, Gulliver teria sido sacrificado como parte do programa cruel de eugenia. Quando *As viagens de Gulliver* foi escrito, melhorar linhagens humanas não era conhecido como "eugenia".

Foi o primo de Charles Darwin, Francis Galton, que cunhou o termo. Algumas das primeiras pesquisas de Galton foram baseadas em registros de obituários no jornal *The Times* de Londres. Ao estudar os registros, Galton disse que podia traçar o que ele via como qualidades humanas superiores sendo passadas de geração a geração entre os homens mais eminentes da Europa. Em contraste, ele sugeriu que os traços fracos, inferiores e até perigosos eram também passados adiante – mais notavelmente, na visão de Galton, nas classes mais baixas da sociedade, e em certas raças.

Galton acreditava na desigualdade dos humanos. Por exemplo, ele pensava que africanos eram inferiores e sugeriu que a costa leste da África fosse povoada pelos chineses, que eram, de acordo com Galton, superiores. As teorias de Galton foram lançadas em seu livro *Gênio hereditário*, publicado em 1869. Seu plano tinha duas partes. A eugenia positiva de Galton propôs um programa de reprodução humana para produzir pessoas superiores, e sua eugenia negativa encorajava a melhoria da qualidade da raça humana por eliminação ou exclusão de pessoas biologicamente inferiores da população que pode se reproduzir.

É apenas um pequeno passo da ciência de Galton para a eugenia amedrontadora dos nazistas. Durante os anos 1930 e 1940, os nazistas forçaram centenas de milhares de homens, mulheres e crianças a serem esterilizados para preveni-los de passarem seus genes adiante. Muito do horror do regime nazista foi previsto em um livro de fantasia de 1937 chamado *Swastika Night* (*Noite da suástica*) da escritora britânica Katherine Burdekin. A ficção tem similaridades marcantes a *1984* de George Orwell, publicado mais de uma década depois. Em ambos os livros, o passado foi repaginado, e a história reescrita. A linguagem é distorcida, poucos livros existem além de propaganda política, e um livro secreto é a única testemunha do passado. Em sua história futura, Burdekin temia que os nazistas conseguissem dominar o mundo, e forçariam suas ideias de desigualdade na raça humana. *Swastika Night* quase se tornou realidade. Mas felizmente para todos nós, o mundo se uniu e os nazistas foram derrotados, juntamente com seus programas de reprodução e genocídio.

Reproduza-se fora de seu *pool* local

Faz total sentido os bruxos e trouxas terem se miscigenado. Criar famílias dentro de um círculo seleto pode ser muito perigoso. A maioria das pessoas tem alguns genes escondidos que podem causar doenças fatais, mas isso não é normalmente um problema porque nós carregamos duas cópias de cada gene, de cada um de nossos pais. Então, desde que pelo menos uma dessas cópias esteja bem, você normalmente não desenvolverá a doença. Genes ruins são ativados apenas se ambos os pais os transferirem para seus filhos. E isso teria acontecido mais frequentemente quando os bruxos tinham parentescos mais próximos.

Na verdade, alguns bruxos poderiam estar brincando com o perigo. Quanto mais próximo é o parentesco de um bruxo e uma bruxa, mais provável é que compartilhassem os mesmos genes ruins. Em tais casos, cada filho pode ter até 25% de chance de contrair a doença. E é por esse motivo que endogamia é ilegal em muitos países trouxas.

Considere mais dois exemplos, um bruxo e uma trouxa. Famílias bruxas puro-sangue, como os Black e os Gaunt, casavam-se entre primos para manter seu *status* de puro-sangue. Eles desonravam membros da família que se casavam com sangues ruins, e mesmo assim os Gaunt sofriam com problemas de endogamia. Como resultado, os membros da família mostravam sinais de tendências violentas, instabilidade mental, e até capacidade mágica reduzida. No mundo trouxa, a endogamia das antigas famílias reais europeias também era um problema. Os Habsburgo reinaram em grandes partes da Europa por muitos séculos. Mas depois de muitos casamentos entre primos de primeiro grau e até de tios e sobrinhas, quando o Rei Carlos II nasceu e herdou "genes ruins", resultando em deficiências físicas e mentais e de talvez não poder ter filhos, o reinado dos Habsburgo terminou.

Em 2015, um dos maiores estudos em diversidade genética até então deu um passo adiante. O estudo observou o histórico genético e de saúde de mais de 350 mil pessoas, de aproximadamente 100 comunidades em 4 continentes do mundo trouxa. Descobriu-se que os filhos de pais de origem mais distante tendem a ser mais altos e mais inteligentes que seus pares. Também descobriu-se que a altura e a inteligência podem estar aumentando, devido a um número crescente de pessoas casando-se com outras de partes mais distantes do mundo, o que pode explicar o aumento em inteligência de uma geração para a próxima, como documentado no século XX. Bruxos puro-sangue fizeram tudo errado. Sangues ruins vão herdar a Terra!

PARTE IV
MISCELÂNIA MÁGICA

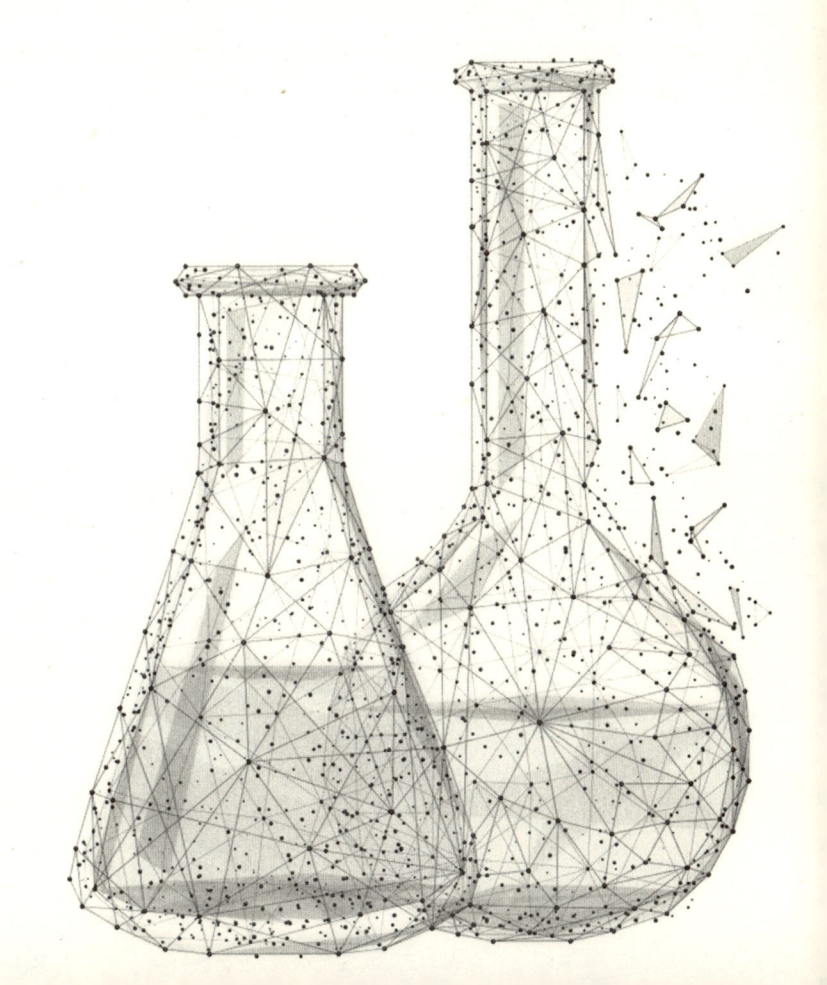

PLATAFORMA 9¾: HÁ MESMO ESTAÇÕES DE TREM ESCONDIDAS EM LONDRES?

A poderosa locomotiva escarlate aguarda, enquanto nuvens brancas de vapor saem da chaminé – um trampolim para um destino mágico distante. Todas as janelas abertas, todos os pistões preparados, toda a sensação de pressa desapareceu, o Expresso de Hogwarts logo vai partir. Uma presença transitória em uma vizinhança momentânea, e logo o Expresso vai passar onde a extensão do nível do lago começa, onde o céu e a água se encontram. Em breve.

Mas agora, a locomotiva escarlate permanece em uma plataforma que nega sua própria existência: a Plataforma 9¾, na estação de King's Cross, Londres, Inglaterra. Magicamente escondida atrás da divisão entre as plataformas trouxas 9 e 10, a Plataforma 9¾ é onde os estudantes embarcam no trem para a Escola de Magia e Bruxaria de Hogwarts. Um jovem bruxo curioso poderia imaginar que outras plataformas fracionadas existem entre suas equivalentes de números inteiros. Por que parar na 9¾? Talvez haja uma plataforma onde a versão mágica do Expresso do Oriente aguarda para enviar passageiros a vilas exclusivas de bruxos na Europa continental. Ou talvez em outra haja um especial quadrienal da Copa do Mundo de Quadribol.

A Plataforma 9¾ foi a invenção da então Ministra da Magia, Evangeline Orpington, na década de 1850. A Ministra da Magia tinha ponderado por um tempo o velho problema de como conduzir centenas de estudantes de e para Hogwarts todo ano, sem chamar atenção. Eles haviam adquirido o *Expresso de Hogwarts* na metade do século XIX, sem dúvida uma locomotiva magnífica para sua época. E uma estação de trem havia sido construída em Hogsmeade, em uma espera empolgada pela chegada iminente da locomotiva.

Mas o desafio de construir uma estação de trem no meio de Londres continuava. Com certeza uma coisa assim não teria como passar despercebida para os trouxas, mesmo com sua notória determinação em ignorar a magia, ainda que estivesse acontecendo bem debaixo de seus narizes por toda parte. Portanto, a solução foi encontrada: uma plataforma mágica seria ocultada dentro da novíssima estação de King's Cross, construída pelos trouxas, e seria acessível somente por bruxos e bruxas.

Esse conceito astuto, de esconder uma estação de trem em plena vista de uma metrópole agitada, nos faz pensar que outras estações podem estar escondidas no labirinto que é a velha cidade de Londres.

Revolução ferroviária

De um jeito mágico meio curioso, foi a fotossíntese que levou à Revolução Industrial movida a vapor da Grã-Bretanha. Milhões de anos antes, durante o úmido período Carbonífero, as plantas da Terra haviam absorvido a energia do sol, retirando carbono do dióxido de carbono no ar, e usando-o para criar tecido vegetal. Quando as grandes plantas do Carbonífero morreram e foram absorvidas pela terra, sua energia ficou preservada no tempo.

O carvão conservava luz do sol, e quando os britânicos começaram a queimar carvão, seu fogo era os muitos anos de calor do sol agora liberados de cada uma daquelas árvores. O carvão era, e permanece, a luz solar congelada das florestas enterradas.

Foi a sede pela energia do fogo que levou ao motor a vapor. Os motores foram primeiro projetados para bombear água das minas, para chegar ao carvão incandescente. Motores a vapor rapidamente se tornaram o primeiro tipo de motor amplamente usado, e o espírito de seu tempo moderno. Ele alimentava todas as primeiras locomotivas, navios a vapor e fábricas. E durante os dois séculos seguintes, a energia do vapor mudaria o mundo para sempre.

Aqueles que construíram os trens e ferrovias eram as tropas de choque da industrialização. As ferrovias abriam países e continentes para o capital. As linhas de trem que se expandiam rapidamente se espalharam da Grã-Bretanha como uma rede gigante de um animal mecânico. E, no centro dessa enorme máquina, o coração das veias e capilares de circulação do comércio, ficava a Londres vitoriana. Durante o século XIX, Londres cresceu enormemente. Mas o desenvolvimento de uma população em trânsito levou a problemas de congestionamento. Estrume de cavalo se tornou uma grande preocupação.

A Londres vitoriana tinha 11 mil carruagens de aluguel e milhares de ônibus. Cada meio de transporte usava vários cavalos, então, a cidade tinha mais de 50 mil cavalos apenas no transporte público, com cada animal produzindo 7-16 quilos de estrume por dia. Um analista observou: "Como as ruas de uma cidade cinza seriam muito mais agradáveis se o cavalo fosse um animal extinto".

Varredores eram usados para abrir caminhos no meio do esterco, que normalmente se tornava lodo no tempo chuvoso de Londres, ou uma poeira fina varrida em um ocasional dia seco. Mas as pilhas de estrume atraíam números enormes de moscas. Uma estimativa sugere que três bilhões de moscas eram chocadas em estrume de cavalo por dia nessas cidades, com a culpa de dezenas de milhares de mortes a cada ano sendo jogada no estrume.

E fica pior.

Os cavalos produziam dezenas de milhares de litros de urina diariamente, eram inacreditavelmente barulhentos (suas ferraduras no paralelepípedo tornavam qualquer conversa intolerável nas agitadas ruas), e eram bem mais perigosos que o tráfego motorizado moderno, com uma taxa de mortalidade per capita 75% maior que hoje em dia.

Os problemas não desapareciam quando os cavalos morriam. O cavalo de trabalho médio tinha uma expectativa de vida de apenas três anos. Muitos morriam a cada dia e, como era difícil mover cavalos mortos, os limpadores das ruas esperavam dias para os cadáveres apodrecerem, porque assim eles podiam ser serrados em vários pedaços.

Indo para o subsolo

Em resumo, Londres era uma cidade desesperadamente em busca de uma solução de tráfego! O trem foi celebrado como um salvador ambiental. No meio do século, havia sete terminais ferroviários localizados ao redor do centro urbano da metrópole. E logo surgiu a ideia de uma ferrovia subterrânea, conectando a City of London com estações satélite.

Turistas em Londres estarão familiarizados com seu metrô fundado há muito tempo. O metrô de Londres foi a primeira ferrovia subterrânea do mundo. Atualmente, mais de 160 quilômetros de linhas interligadas subterrâneas atendem em torno de 4 milhões de passageiros por dia, um dos maiores sistemas do planeta. Mas, de vez em quando, estações "fantasma" são reveladas.

Engenheiros recentemente revelaram as ruínas de uma estação perdida que fechou um século atrás no sul de Londres. Uma estação já esquecida por muito tempo, a Southwark Park ficou aberta por pouco mais de doze anos, de 1902 até que suas catacumbas foram fechadas de vez em março de 1915. A Southwark Park foi uma das várias estações na metrópole que fecharam devido à popularidade crescente dos bondes e ônibus, e o surgimento da Primeira Guerra Mundial. Ela transportava passageiros entre London Bridge e Greenwich.

Com tons distópicos da lúgubre cidade *steampunk* da superfície, e sua bilheteria original coberta de azulejos, que fica nos arcos de um viaduto, os corredores assustadores e a atmosfera misteriosa da Southwark Park lembram a série de videogames *BioShock*. Exploradores urbanos tiraram fotografias perturbadoras de outras estações abandonadas e esquecidas do metrô de Londres. Localizadas profundamente abaixo da cidade estão plataformas fora de uso e estações abandonadas, que serpenteiam por quilômetros no subsolo.

Entre elas está a poeirenta estação Aldwych. Ela foi fechada em 1994, mas desde então tem sido usada como locação para várias produções de ponta do cinema e da televisão, incluindo *Sherlock*, *Mr. Selfridge*, e *V de Vingança*. Mas talvez a lenda mais duradoura do metrô de Londres seja a história dos túneis secretos do governo, usados durante a Segunda Guerra Mundial.

Durante a guerra, o número de centrais de telecomunicações operadas em Londres era muito limitado. Uma das centrais era localizada na City of London, a uma distância considerável de Whitehall, onde ficava o Escritório de Guerra, o departamento do governo britânico que gerenciava o Exército Britânico entre o século XVII e 1964, quando suas responsabilidades foram entregues ao Ministério da Defesa.

Como as linhas telefônicas acima do solo se mostraram impraticáveis, uma rede híbrida de túneis foi criada sob Whitehall, usando técnicas de túnel em forma de tubo. Embora esse túnel secreto do governo fosse realmente apenas um túnel de serviços, também servia como um "túnel de fuga", uma rota possível entre prédios de Whitehall em emergências, como ataques de gás. Muitos detalhes dessa rede de túneis secretos sob Whitehall estão trancados nos Arquivos Nacionais esperando liberação.

Então, coloque uma nota em sua agenda para 2026. É quando o fato por trás de mais rumores será liberado, já que se alega que os túneis de Whitehall também se conectavam com túneis profundos de telecomunicações construídos durante a Guerra Fria em caso de ataque iminente.

COMO VOCÊ PODERIA CRIAR
UMA SALA PRECISA?

Situada no sétimo andar do Castelo de Hogwarts está a sala mais incrível. Ostentando uma entrada secreta oposta à tapeçaria de Barnabás, o Amalucado, tentando ensinar aos trolls os fundamentos do balé, a Sala Precisa parecia com o Gato de Schrödinger, ao mesmo tempo estando lá e não estando. Alguns poucos visitantes selecionados para aquele corredor sabiam que a forma de destrancar a sala era passar por ela três vezes, pensando sobre o que se precisava. Só aí a porta apareceria.

Acreditava-se que a Sala Precisa, que também era conhecida como "Sala Vai e Vem", tinha um certo grau de senciência. Essa crença era baseada em evidências de que a sala se convertia em qualquer coisa que o bruxo ou a bruxa precisava que ela fosse naquele momento. Embora, compreensivelmente, havia uma lista de limitações.

Curiosamente, também se dizia que a sala era insondável. Não aparecia no Mapa do Maroto, nem seus habitantes, embora, reconhecidamente, isso poderia ser simplesmente porque os criadores do mapa nunca encontraram a sala para sondá-la em primeiro lugar.

Usuários bruxos ou bruxas da sala eram aconselhados a serem bem claros e discretos sobre o que precisavam da sala. Aqueles que não faziam isso descobririam que outros bruxos poderiam entrar na sala e ver o que eles estavam querendo fazer se tivessem uma ideia de como a sala estava sendo usada.

A primeira menção à Sala Precisa foi quando Harry ouviu Dumbledore contar sobre sua descoberta de uma sala cheia de penicos quando ele estava precisando muito deles. Infelizmente, ele nunca conseguiu repetir seu sucesso e encontrar a sala novamente, como muitos outros bruxos que descobriam a sala.

A Sala Precisa não era o único uso criativo de espaço no universo de *Harry Potter*, é claro. Havia também a bolsa de contas de Hermione. Lembrando a bolsa de Mary Poppins, Hermione tinha colocado um feitiço indetectável de extensão na bolsa, dentro da qual ela era capaz de manter todos os tipos de objetos, alguns muito maiores do que a bolsa aparentava ser, durante a caça às horcruxes de Voldermort.

E aí há também a tenda dos Weasley. Ela pode *parecer* uma barraca para duas pessoas à primeira vista, mas quando você entrava, descobria um palácio de lona totalmente mobiliado, completo com mesa de jantar, cozinha, banheiro e quartos. Era um uso de espaço tão suficientemente impressionante e criativo que inspirou Harry a declarar: "Eu amo a magia!".

Então, como os trouxas poderiam conseguir a tecnologia "maior do lado de dentro"? Como a ciência pode ser usada para utilizar com criatividade os aspectos mais curiosos da natureza do espaço?

Teorias trouxas de gravidade no espaço

Um jeito possível é usar a gravidade. Aristóteles explicou como objetos caem no chão ao sugerir que era simplesmente seu lugar natural de repouso. E para corpos sólidos "terrenos", esse era o centro da Terra. Ele chegou até a sugerir que esse era o foco do universo inteiro, e que, se você movesse a própria Terra, ainda haveria um ponto abstrato no espaço que representaria esse foco gravitacional, embora, claro, ele não o tenha *chamado* de gravidade. Newton, que foi quem *de fato* o chamou de gravidade, iniciou uma teoria que culminou na ideia de que todas as massas criavam um campo de gravidade, que exercia uma força em qualquer massa dentro dela. Mas, para Einstein, o campo de gravidade é na verdade uma distorção, ou deturpação, da geometria do espaço e do tempo. Em outras palavras, a massa curva o espaço. A matéria de um corpo curva o espaço em torno dela. E quanto mais massa você tem em um ponto, mais curvo esse ponto fica.

Você pode tentar experimentar com essa ideia facilmente, sem nem mesmo sair da sua cama. Imagine o espaço como a superfície do seu edredom. Pelo menos quando a cama está arrumada, não toda embolada, como normalmente fica pela manhã. Ok, você joga um planeta em cima desse edredom arrumado. Bem, não um planeta inteiro, mas uma simulação de um planeta: uma bola de futebol. Melhor ainda, uma bola de boliche, se você tiver uma disponível.

É o seguinte: quanto mais pesada ou maciça a bola for, maior é a depressão formada. Não só isso, mas essa depressão em torno da bola parece puxar as coisas em volta para ela. Se você rolar algumas bolas menores na cama, você verá isso acontecer. Agora, se você imaginar as bolas como planetas, e seu edredom como a estrutura do espaço, poderá ver o que Einstein estava querendo dizer. É assim que a gravidade funciona: a massa curva o espaço. Não só isso, mas da próxima vez que você ficar com uma imagem ruim por ficar tempo demais na cama, você pode sempre sugerir que está simplesmente refletindo sobre a Teoria da Relatividade de Einstein. Deve funcionar.

Então, nossa melhor teoria de gravidade é a ideia de que a gravidade é uma curvatura do espaço e do tempo. E um objeto livre simplesmente se move pelo caminho mais curto através do espaço-tempo.

O uso trouxa do espaço

Agora, se os trouxas criassem uma Sala Precisa feita do tipo de material certo, então poderiam usar toda esse curvatura de gravidade para criar uma bolha que seria maior por dentro do que por fora. As coisas que poderiam usar seriam um tipo de matéria bem exótico, mas tal uso criativo de espaço nunca seria fácil de qualquer maneira.

Imagine uma das menores aranhas da Floresta Proibida, rastejando por uma parede vertical plana. Como pode ser visto, o quadrado da parede vertical possui um lóbulo anexado a ela, que é de alguma forma em formato de balão. A abertura estreita na parede funciona como uma garganta, que se abre para uma área muito maior. E se você ampliar essa figura em 3D, você terá aproximadamente uma situação similar à da Sala Precisa, embora a tenda dos Weasley e a bolsa de Hermione possam ser mais desafiadoras. Outro desafio é que o material que você precisaria usar seria "matéria exótica". É uma coisa estranha. Se você enchesse os pneus do seu carro com ela, eles ficariam murchos!

E há outros desafios, como a questão de tornar um espaço, ou sala, senciente. Acadêmicos estão desenvolvendo senciência de salas. Eles estão trabalhando em uma fusão de interação humano-computador, tecnologia de sensores e inteligência artificial, ligados a sistemas de controle ecológico em lugares fechados, com o objetivo de criar salas inteligentes. Essas salas são espaços onde a percepção de contexto e atividades humanas orientam o comportamento do ambiente. Resumindo, o espaço reage e interage com seus ocupantes humanos. Mas se a sala será realmente senciente, sentindo, pensando e reagindo a atividades e pensamentos humanos, então provavelmente precisaríamos de uma sala feita de carne.

E isso demandaria uma ciência além da magia.

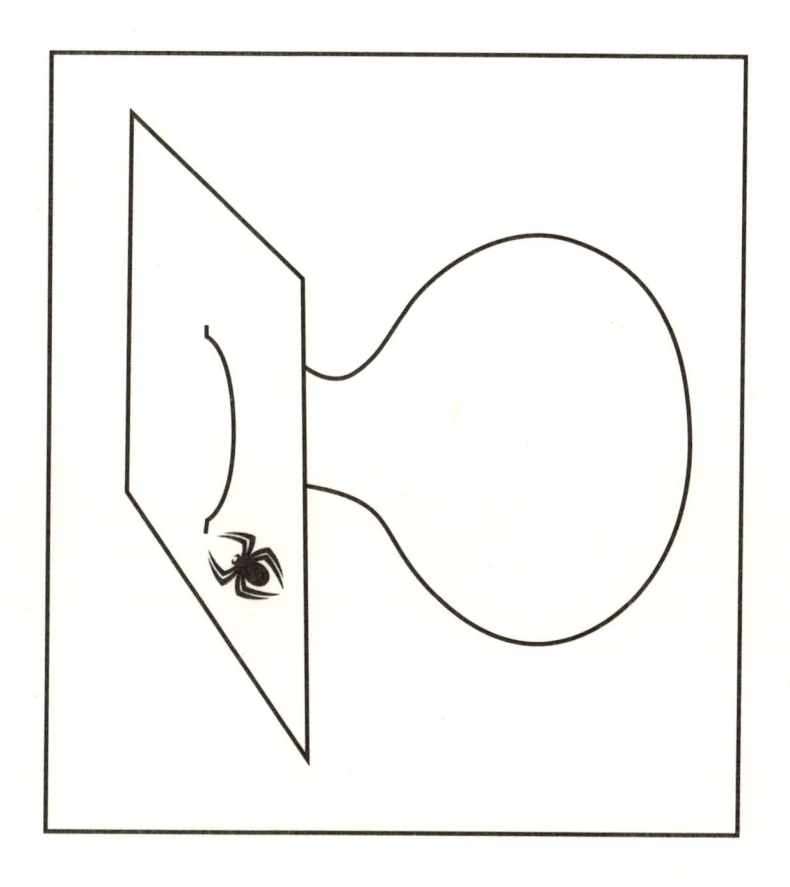

OS CAMPOS DE FORÇA SÃO A VERSÃO TROUXA DOS FEITIÇOS ESCUDO?

Imagine isto: o castelo de Hogwarts sob o cerco de Comensais da Morte e criaturas maléficas. No pátio externo do castelo, e disfarçada nas sombras, a Professora McGonagall declara: "Hogwarts está ameaçada! Operem no perímetro e nos protejam! Cumpram sua obrigação com nossa escola!". Inúmeras gárgulas e estátuas do castelo passam em disparada, em direção ao viaduto e à posição das forças maléficas invasoras, tudo para o evidente deleite de McGonagall: "Eu sempre quis usar este feitiço".

Alguns metros à distância, o Professor Flitwick agitou sua varinha no ar e a convocação começou: *Protego Maxima. Fianto Duri. Repello Inimicum*. Conforme outras bruxas e bruxos foram se juntando a Flitwick, nós vemos uma perturbação momentânea nos céus escuros sobre o castelo. Juntos, eles invocam um escudo mágico, expandindo continuamente para fora, borbulhando e desabrochando sobre toda a propriedade do castelo, enquanto lá embaixo as estátuas e gárgulas marchavam pelo viaduto e tomaram suas posições ao longo do perímetro.

Flitwick invocou um feitiço escudo no castelo. *Protego Maxima* era um feitiço escudo forte que, quando lançado em combinação com *Fianto Duri* e *Repello Inimicum,* criou um muro de defesa mágico quase inquebrável. Os feitiços criaram barreiras mágicas para deter e desviar objetos físicos e feitiços, que poderiam proteger uma pessoa ou local. Quando bem-feitos, conjurações normalmente batiam diretamente nesses escudos e voltavam ao conjurador ou ricocheteavam a algum lugar aleatório assim que os atingiam. Feitiços escudo parecem muito fáceis de ser invocados na magia. Mas a tecnologia trouxa poderia invocar algo similar?

Campos de força da fantasia

Toda matéria é feita de átomos. Átomos são ligados por forças. Remova os átomos. Mantenha as forças. Isso é um campo de força. Bem, pelo menos é isso que é um campo de força na fantasia científica. Na física, um campo de força pode ter diferentes significados, mas para a fantasia é normalmente uma esfera protetora invisível, ou uma parede de força. É um conceito que todos nós conhecemos e amamos. É o que acontece quando alienígenas, asteroides desgarrados ou bruxos assassinos estão vindo em nosso caminho. Apenas crie um campo de força e faça um coquetel. Trabalho feito.

O primeiro campo de força foi usado na fantasia nos Estados Unidos nas décadas de 1930 e 1940. Nos livros *Skylark* e *Lensman* de E.E. "Doc" Smith, quando campos de forças estavam sob ataque, eles normalmente brilhavam vermelho e laranja e por todo o espectro até chegarem no violeta e preto, o ponto em que se quebravam. Os campos de Smith foram precursores do defletor moderno da S.S. *Enterprise* em *Star Trek*.

Em filmes modernos, os campos de força são aceitos sem questionamentos. Pegue o filme *Independence Day*, de 1996, como exemplo. Desabilitar os campos de força protetores das naves das forças invasoras é o principal ponto da trama. Isso deixa os alienígenas hostis vulneráveis a um ataque nuclear. E o campo de força é apresentado sem aparentemente nenhuma necessidade de explicação. A situação se torna tão endêmica na fantasia que as histórias comumente têm campos de força rodeando sistemas solares inteiros!

A verdade é mais problemática. Não há nenhuma força capaz de repelir todos os objetos e energias. Mas os trouxas estão trabalhando nisso. Cientistas no Centro Espacial Kennedy da NASA e do Instituto de Conceitos Avançados da NASA estão pesquisando a possibilidade de escudos elétricos para uso na Terra ou até em bases na Lua, por exemplo. A maior parte da radiação fatal no espaço é feita de partículas eletricamente carregadas. Então, por que não usar um campo elétrico poderoso com a mesma carga da radiação que chega, assim desviando a radiação para longe?

Campos de força na vida real

Recentemente, cientistas encontraram um escudo invisível, a cerca de 11.600 quilômetros acima da Terra. E esse escudo certamente ajuda a repelir forças "sombrias". O escudo bloqueia "elétrons assassinos", que, caso contrário, estariam livres para bombardear nosso pequeno planeta. Agora esses "elétrons assassinos" podem passar rapidamente pelo globo quase na velocidade da luz. Eles assustam astronautas, queimam satélites e destroem sistemas espaciais. E, se atingirem a Terra em uma escala imensa, poderiam desligar redes de energia, alterar radicalmente nosso clima e fazer disparar taxas de câncer para novos recordes.

A natureza do escudo permanece um mistério. Embora cientistas saibam de sua existência através de seus efeitos, eles estão intrigados sobre sua formação e função. Mas resta pouca dúvida de que esse escudo da vida real seja algo como os escudos criados por feitiços escudo em Hogwarts, e os campos de força em *Star Trek*. A principal diferença é que em vez de repelir Comensais da Morte ou alienígenas, esse escudo invisível bloqueia elétrons de alta energia.

A 11.600 quilômetros acima da Terra, esse escudo invisível estaria nos cinturões de radiação de Van Allen. Os cinturões de Van Allen são dois anéis em formato de rosquinha que ficam na atmosfera da Terra. Eles são repletos de prótons e elétrons de alta energia, e são segurados pelo campo magnético da Terra. Eles flutuam, encolhem e expandem em resposta às explosões de energia vindas do nosso Sol. Os cinturões de Van Allen foram encontrados em 1958 e são compostos de um cinturão interno e um externo, que se estendem a até 40 mil quilômetros acima da superfície do planeta.

Mas, recentemente, um terceiro "anel de armazenagem" transitório foi encontrado, escondido nos cinturões. Esse terceiro anel misterioso foi descoberto pelas sondas gêmeas Van Allen, lançadas em 2012. O anel parece variar com a intensidade do tempo espacial. Mas ele bloqueia elétrons super-rápidos de romperem a barreira e seguirem em direção à Terra. Equipes científicas estão um pouco intrigadas com o fenômeno, mas esperam aprender com o exemplo da natureza, que pode nos ajudar a entender como criar campos de força artificiais.

O terceiro anel é como uma grande parede de vidro no espaço, parecido com aquela bolha nos céus escuros acima de Hogwarts. No começo, os cientistas estavam preocupados que os elétrons altamente carregados, que estão voando pelo globo em velocidades maiores que 160 mil quilômetros por segundo, dariam uma guinada para baixo na exosfera. Mas a "parede de vidro" bloqueia os elétrons antes que eles cheguem até ela. Se as equipes científicas conseguirem descobrir como a parede de vidro opera, poderão ser capazes de imitar suas capacidades e criar uma barreira que faça a mesma coisa.

Os cientistas têm estudado como tal parede de vidro poderia ser criada e sustentada no espaço. Uma teoria é que seja feita pelas linhas de campo magnético da Terra. Essas linhas magnéticas capturariam e controlariam partículas carregadas, como prótons e elétrons. As partículas são feitas para saltar entre os polos do planeta como pássaros nervosos em um fio. Outra teoria é que os sinais de rádio de atividade humana na Terra poderiam estar espalhando seus elétrons carregados na barreira, prevenindo sua movimentação para baixo. Mas nenhuma das teorias tem valor científico. Neste momento, as equipes científicas simplesmente não sabem como a movimentação lenta e firme dessas partículas pode de repente criar essa fronteira distinta e resistente na "parede de vidro" no espaço.

E uma terceira teoria é ainda mais interessante. Ela sugere que uma nuvem gigante de gás frio e carregado eletricamente, que começa a cerca de 960 quilômetros acima da Terra, esteja espalhando os elétrons na fronteira. O nome dessa nuvem gigante? A esfera de plasma! *Isso sim* soa como um campo de força.

AS LINHAS ETÁRIAS PODERIAM ALGUM DIA SE TORNAR UMA TECNOLOGIA REAL?

A linha etária era um feitiço que impedia qualquer um com a idade incorreta de ter acesso a certos objetos ou áreas. Ele foi usado em *Harry Potter e o Cálice de Fogo* para impedir que menores de idade votassem.

É claro que, em uma sociedade trouxa, menores também são limitados dessa forma, pois não podem votar antes de completarem dezoito anos na maioria dos países.

Há muitas situações na sociedade em que há motivo para limitar a liberdade de alguém com base na idade, como dirigir, beber álcool, trabalhar e até jogar. Cada situação tem razões diferentes para o limite de idade, seja por motivos de segurança, para oferecer uma competição justa, ou para garantir que a pessoa tenha um nível razoável de responsabilidade e experiência de vida. A linha etária basicamente permite que a idade real de uma pessoa seja usada para discriminar contra ela, o que soa um pouco alarmante quando falamos dessa maneira. Nós desenvolveremos algum dia uma tecnologia como essa ou ela já existe?

Restrições de idade

Quando Dumbledore criou a linha etária, era para ajudar a fazer cumprir as restrições de idade impostas pelo Ministério da Magia. O Ministério havia determinado que o extremamente perigoso Torneio Tribruxo não deveria permitir a entrada de ninguém com menos de dezessete anos de idade devido aos riscos envolvidos. Assim, a linha etária foi usada para impedir qualquer um de chegar perto o bastante de incluir seu nome no Cálice de Fogo. No mundo bruxo, dezessete é uma idade significativa, porque bruxos não podem usar magia fora da escola até essa idade.

Na sociedade trouxa, restrições de idade são uma coisa cotidiana. No Reino Unido, você não pode trabalhar em período integral até atingir os 16 anos, e para ter um cartão de crédito, dirigir ou votar (exceto na Escócia), você precisa ter pelo menos 18 anos. Dezoito é significativo em muitos países porque representa o que é conhecido como a idade da maioridade. Isto é, quando a pessoa é considerada responsável pelas suas próprias ações e seus pais não têm mais controle legal sobre seus assuntos.

As sociedades introduzem restrições de idade por uma boa razão, embora os cidadãos mais novos possam discordar. Por exemplo, a adequação de um filme é indicada por um sistema de classificação (12, 14, 16 e 18 anos). Isso é para proteger espectadores mais jovens de quaisquer respostas psicológicas ao filme. Na realidade, não é um crime uma pessoa mais jovem assistir a um filme com restrição de idade fora de um cinema licenciado, embora seja responsabilidade dos adultos assegurar que espectadores mais jovens não sofram com efeitos negativos disso. Assim, se a equipe de um cinema está com dúvidas sobre a idade de uma pessoa, eles devem, por lei, exigir um comprovante de idade na forma de uma identificação oficial, que inclua uma foto e a data de nascimento, como um passaporte ou carteira de motorista.

Isso também se aplica a locais com licença para vender álcool. Se a pessoa não pode provar que tem a idade mínima, os funcionários podem se recusar a servir. Muitos estabelecimentos de bebidas também empregam seguranças ou porteiros para terem uma barreira física na entrada. Basicamente, eles têm uma função similar à linha etária e são a primeira linha de defesa contra mentiras sobre idade.

Idade e mentira

"Uma Linha Etária! [...] Bom, isso deve ser contornável com uma Poção para Envelhecer, não? E depois que o nome estiver no Cálice, a gente vai ficar rindo – ele não vai saber dizer se você tem ou não dezessete anos"!

– Fred Weasley, *Harry Potter e o Cálice de Fogo*

Jovens encontram formas engenhosas para tentar enganar as autoridades, mas o grau de mentira precisa apenas ser tão complicado quanto as medidas de segurança colocadas para desvendá-las. Quando chega a hora de enganar frente a frente, além de contar uma lorota na cara dura, um jovem pode apelar para se comportar ou se vestir de uma forma que o faça parecer mais velho. Se isso não funcionar, podem tentar pegar emprestado um RG de uma pessoa mais velha ou mesmo obter um RG falsificado. Entretanto, o uso crescente e relativamente recente de consumo online e de mídias sociais necessita de novas ferramentas para verificação de idade – frequentemente acompanhadas de métodos diferentes para passar por elas. Por exemplo, muitos sites de mídia social, como Twitter, Facebook, Snapchat e Instagram, têm a restrição de idade mínima de 13 anos. O limite de idade do YouTube é também 13 anos, mas apenas se o jovem tiver a permissão de seus pais; caso contrário, é 18 anos. Apesar dessas restrições de idade, mais da metade dos jovens britânicos com menos de 13 anos têm mesmo assim um perfil em pelo menos uma rede social.

Uma razão para isso é que a verificação de idade que muitos desses sites usam é o que é chamado de página de afirmação de idade, onde o usuário simplesmente coloca uma data de nascimento ou clica em uma caixinha para declarar que tem mais de 18 anos. Portanto, um jovem pode apenas inventar uma idade adequada quando está criando a conta e os moderadores do site não vão notar. É quase como os irmãos Weasley andando até a linha etária e simplesmente dizendo que têm mais de dezessete anos para conseguir acesso.

Entretanto, quando os irmãos Weasley e amigos tomaram a poção de envelhecer para tentar enganar a linha etária ao aumentar sua idade biológica, o subterfúgio não funcionou. Parece que a linha etária não precisou usar a idade biológica aparente deles. Ao contrário, ela foi capaz de discernir a idade cronológica, ou seja, os dias e anos que passaram desde a data do nascimento deles.

Na maioria das sociedades trouxas, verificação de idade é normalmente feita por humanos, mas a introdução de tecnologias cada vez mais sofisticadas têm firmemente transferido essa responsabilidade para sistemas de computador e software. Quando falamos de negócios online, há vários métodos disponíveis de verificação de idade. Isso inclui a clássica checagem de documentos de identificação pessoalmente, assim como verificação de cartão de crédito e software de verificação de identidade online.

Uma fonte online descreve suas soluções de verificação de identidade como "buscando em uma extensa variedade de dados de consumidores, incluindo um dos maiores arquivos de datas de nascimento do Reino Unido". Portanto, toda vez que um usuário fornece uma indicação de quem ele é, como com uma senha de acesso ou impressão digital, sua identidade pode ser cruzada com um banco de dados em algum lugar que contém informação sobre sua idade. Contanto que a informação seja confiável, a idade cronológica pode ser corretamente verificada. Mas e se não houver registros disponíveis da idade cronológica da pessoa? Há algo em nossa biologia que poderia permitir que nossa idade fosse determinada?

Discriminação etária

Conforme envelhecemos, células diferentes em nosso corpo se deterioram, reduzindo sua capacidade de funcionar normalmente. Alguns órgãos também passam por uma redução no número de células conforme elas vão morrendo e não sendo repostas. Essas são algumas das causas de envelhecimento biológico, também conhecido como senescência, da palavra em latim *senescere*, que significa "envelhecer". Mudanças fisiológicas comuns incluem pele menos elástica, visão mais fraca, redução na variedade de frequências que podemos ouvir.

Já existem tecnologias que podem ter feito uso de algumas dessas mudanças biológicas para impor restrições baseadas em idade. Um exemplo é o dispositivo antivadiagem Mosquito, descrito por um vendedor online como "A ferramenta mais eficiente para dispersar grupos de adolescentes desobedientes". O dispositivo funciona ao explorar o fato de que, conforme envelhecemos, nossos ouvidos se tornam menos sensíveis a sons de alta frequência. Isso é chamado de presbiacusia. Os projetistas do Mosquito prepararam a unidade para emitir um tom irritante em uma frequência de 17 quilohertz, que eles dizem que é inaudível à maioria das pessoas maiores de 25 anos.

Embora o tom de alta frequência seja inofensivo, pode ser tão irritante que aqueles que o ouvem geralmente preferem evitar a área em torno do dispositivo. Seus efeitos podem ser sentidos em até 40 metros de distância, mas não penetram paredes sólidas.

Dessa maneira, o Mosquito age como uma forma rudimentar de linha etária, mesmo que apenas no sentido de que ele pode repelir eficientemente pessoas abaixo de uma certa idade. Entretanto, nem todos maiores de 25 anos estão imunes aos seus efeitos, e ele não apresenta realmente uma barreira física na entrada como um porteiro faria. Não há certeza se a linha etária é feita para apresentar uma barreira física, ou funcionar de alguma outra forma. O alarme Mosquito é um exemplo de uma forma de restringir alguém com base em sua idade biológica, mas há tecnologias que podem determinar a idade cronológica de alguém através da biologia.

Marcadores de idade biológica

O estudo científico de envelhecimento biológico é chamado de biogerontologia, e pesquisadores nesse campo desenvolveram uma variedade de técnicas para confirmar a idade de alguém. Um desses métodos envolve medir o comprimento dos telômeros, que são regiões na ponta dos cromossomos que, entre outras coisas, afetam quão rapidamente as células envelhecem e morrem. Em nosso nascimento, podem ter mais de 10 mil pares de base, mas perdem um pouco toda vez em que a célula se divide, então quando chega a idade mais avançada, podem ter apenas 4 mil pares de base.

A avaliação do comprimento do telômero já pode ser feita em laboratório, embora necessite de circunstâncias e equipamentos bem particulares, como microscópios e a coleção de amostras de células da pessoa sendo investigada. Entretanto, *se* uma linha etária pudesse de alguma maneira ver as células de uma pessoa, ela poderia possivelmente usar uma análise dos comprimentos dos telômeros para ter uma ideia de sua idade biológica.

Outro método que pode ser usado para localizar as partes mais velhas biologicamente do corpo humano é chamado de metilação do DNA (DNAm). DNAm é um mecanismo usado pelas células para controlar a expressão dos genes. Quanto mais velha a pessoa é, menos o mecanismo de DNAm funcionará. Isso permite que seja usado como biomarcador de idade, ou seja, ele pode ser usado para prever a idade biológica de uma pessoa. Esse método é responsável pelo chamado relógio de metilação do DNA, também conhecido como relógio epigenético, que, acredita-se, oferece uma previsão relativamente boa da idade biológica.

Usando esses métodos, uma equipe de pesquisadores holandeses conseguiu prever a idade real de uma pessoa dentro de 4 anos, utilizando amostras de sangue e dentro de 5 anos utilizando amostras de dente. Entretanto, quanto mais nova a pessoa, maior é a taxa de erro, levando a uma precisão de cerca de dois anos em pessoas mais jovens.

Então, as linhas etárias poderiam algum dia se tornar uma realidade?

Bem, para começar, a necessidade geral de proteger a segurança de nossos jovens em nossa sociedade é um motivo forte para tecnologia de restrição de idade. E, considerando o vasto número de outras situações em que seja necessário limitar acesso a alguns serviços, parece que qualquer tecnologia que pudesse replicar algo que se aproximasse da linha etária seria de grande valor para algumas empresas comerciais. Afinal, valor comercial é uma motivação bem forte para financiar tecnologia.

Há maneiras de determinar a idade, mas a maioria delas requer amostras coletadas e depois tempo para analisá-las. Atualmente, é impossível que isso possa ser feito de alguma forma a uma distância de três metros, o raio da linha etária. Talvez um dia alguns desses métodos possam ser combinados com uma técnica para confirmar informações pessoais de alguém à distância; mas, neste momento, isso não parece muito promissor. Teremos que apenas esperar para ver.

A SOCIEDADE DESENVOLVERÁ ARITMÂNCIA?

Alguns podem dizer que Hermione Granger simplesmente não poderia se decidir sobre o futuro. Ela claramente abominava a matéria de adivinhação, a arte de adivinhar o futuro, ou prever eventos futuros, usando ferramentas e rituais duvidosos. E mesmo assim, ela também disse que Aritmância era sua matéria favorita. Aritmância era também a disciplina mágica que estudava o futuro, mas a diferença entre aritmância e adivinhação era que aritmância aplicava uma abordagem mais precisa e matemática na previsão do futuro, algo que a mente racional de Hermione preferia. (Uma de suas muitas reclamações sobre adivinhação era que parecia "um grande trabalho de dar palpites".)

A aritmância tratava das propriedades mágicas dos números. E, como prever o futuro com números era importante em aritmância, ela tinha pouco em comum com a prática trouxa de numerologia, em que as pessoas colocam sua fé em padrões numéricos e chegam a conclusões pseudocientíficas. A aritmância era uma matéria eletiva em Hogwarts, oferecida apenas a partir do terceiro ano. Os alunos recebiam tarefas que envolviam consultar e/ou compor tabelas numéricas complexas.

Entre os praticantes notáveis de aritmância na história bruxa estavam Bartolomeu Crouch Jr., o comensal da morte que tornou o retorno de Voldemort inevitável, e a própria Hermione.

Ela se tornou uma oficial de alta patente no departamento de execução das leis da magia. Parece que Harry também se permitiu um pouco de adivinhação. Ele comprou uma cópia do livro *Nova Teoria da Numerologia* para o Natal enquanto eles ainda estavam na escola. Mas os números podem mesmo adivinhar o futuro?

Números desvendam o cosmos

A conexão entre números e natureza foi reconhecida cedo pelos pitagóricos quando a escola pitagórica da Grécia antiga descobriu que os números eram a chave para compreender o cosmos inteiro. A escola tentou sintetizar uma visão holística do universo, uma que incorporasse religião com ciência, medicina com cosmologia, e matemática com música; mente, corpo e espírito como um só. A própria palavra "filosofia" é pitagórica em sua origem. Quando os trouxas usam a palavra harmonia em seu senso mais amplo, quando números são chamados de figuras etc., trouxas falam a língua da escola. E sua abordagem foi definitiva para a época; através da aplicação que fizeram de matemática à experiência humana, os pitagóricos foram os fundadores do que o mundo entende hoje por ciência.

A escola pitagórica foi fundada no século VI a.C. E os pitagóricos eram fortes em magia dos números. Para eles, a filosofia era a música mais elevada. E a forma mais elevada de filosofia dizia respeito aos números, já que, no fim das contas, todas as coisas são números. Então, ao invés dos números levarem a uma redução da experiência humana, foi um enriquecimento. O conceito pitagórico de harmonia era típico da forma em que a escola sintetizava uma visão interconectada do universo. Os números não são jogados ao mundo de forma desorganizada. Eles são arranjados, ou se arranjam, como uma estrutura de cristais ou uma escala musical, de acordo com as leis universais da harmonia.

A noção básica pitagórica de harmonia dizia respeito à forma e ao corpo humanos também, como um tipo de instrumento musical. Cada corda nele deve ter a tensão certa, o balanço correto, para a alma do paciente estar sintonizada. As metáforas musicais que ainda são aplicadas à medicina, como tom e tônica e bem-temperado são também parte do legado pitagórico.

A lenda diz que Pitágoras encontrou a ligação entre música e matemática com um ferreiro. Um dia, Pitágoras estava passando por uma ferraria. Ao ouvir o agradável som do ferreiro martelando a bigorna, Pitágoras percebeu que essa harmonia devia ter alguma relação com a matemática. Ele passou um tempo com o ferreiro, examinando as ferramentas e explorando as relações entre as ferramentas e os tons.

Os pitagóricos levavam os números tão a sério que estavam preparados para matar em nome deles. Tragicamente, um dos segredos numéricos da natureza auxiliou no fim da escola. Pois os pitagóricos descobriram os números irracionais. Esses números, como $\sqrt{2}$ ou π, são números que não podem ser obtidos pela divisão de dois números inteiros. Para filósofos que acreditavam que tudo na natureza podia ser entendido por séries e divisões numéricas, isso foi um grande choque.

A prova da existência de números irracionais é atribuída a um membro da escola, Hipaso de Metaponto. Ele é conhecido por ter descoberto esses números enquanto pensava sobre a geometria do pentagrama, usado pelos pitagóricos como um símbolo de reconhecimento entre os membros e uma marca de saúde interior. No início, outros membros tentaram refutar a existência de números irracionais pela lógica. Eles falharam, e hoje nós sabemos que quase todos os números reais são irracionais. Acreditando que os números eram absolutos, os pitagóricos mantiveram a descoberta como um segredo, chamando os números irracionais de *arrhetos*, indizíveis.

Mas Hipaso deixou o escândalo vazar, e a lenda diz que ele foi assassinado por afogamento.

> Dizem que aqueles que revelaram primeiro os irracionais publicamente pereceram em um naufrágio. Para o indescritível e o sem forma, é necessário ocultar. E aqueles que descobriram e tocaram essa imagem da vida foram instantaneamente destruídos e permanecerão para sempre expostos ao jogo das ondas eternas.
>
> – Mark Brake, *Revolution in Science*

Tragédia grega, de fato.

Os arquivos negros

O uso moderno dos números não é menos dramático. Na lendária trilogia fantástica *Fundação*, de Isaac Asimov, um professor de matemática chamado Hari Seldon prevê o futuro usando o que Asimov chama de psico-história. A matemática é usada para modelar o passado e ajudar a prever o que acontecerá em seguida, incluindo a queda do império galáctico. Pode parecer ficção científica, mas um novo campo faz algo similar.

A cliodinâmica (cujo nome faz homenagem a Clio, a musa grega da história) afirma permitir a acadêmicos analisarem a História com o objetivo de encontrar padrões que possam então usar para mapear o futuro. Uma das grandes questões que eles tentam responder é: *Por que as civilizações colapsam?* Sua abordagem holística não está muito longe das previsões de mapeamento do império feitas por Hari Seldon na *Fundação* de Asimov. A técnica prevê uma onda de violência generalizada em torno de 2020, incluindo rebeliões e terrorismo.

Esse campo crescente da cliodinâmica usa os arquivos negros. Estes são bancos de dados de um passado distante, incluindo documentos históricos que só recentemente apareceram online. Os métodos incluem técnicas comuns de estatística, como análise de espectro, em registros públicos e jornais históricos digitalizados. Então, a cliodinâmica quantifica o passado e faz extrapolações baseadas em tendências de dados.

Especialistas no campo encontraram um padrão de instabilidade social. Ele se aplica a muitas civilizações, incluindo a China dinástica, Roma antiga, Inglaterra medieval, França, Rússia e até aos Estados Unidos. A análise claramente mostra ondas de cem anos de instabilidade. E, sobreposto a cada onda há um ciclo adicional de cinquenta anos de violência política generalizada. A China parece escapar desses ciclos de cinquenta anos de violência, mas os Estados Unidos, não.

Esses ciclos têm a desigualdade social como causa principal. O descontentamento vai crescendo em um certo período de tempo até que a pressão seja violentamente liberada. Acadêmicos mapearam a forma com que a desigualdade social vai subindo gradualmente ao longo de décadas, até que o limite seja atingido. Um pouco tarde, reformas são finalmente feitas. Mas, com o tempo, essas reformas são revertidas, e a sociedade volta ao estado de elevada desigualdade social. Soa familiar? A severidade dos picos violentos depende de como os governos lidam com a crise. Por exemplo, os Estados Unidos estavam em uma crise pré-revolucionária na década de 1910, mas uma queda abrupta na violência se seguiu depois de uma era política mais progressista. As classes dominantes fizeram promessas de controlar corporações e deram aos trabalhadores reformas vitais. Tais políticas reduziram a pressão e preveniram uma revolução. Da mesma maneira, a Grã-Bretanha do século XIX conseguiu evitar o tipo de revolução violenta que aconteceu na França ao fazer reformas benéficas. Entretanto, o caminho comum para o ciclo se resolver é a violência.

Muito tem sido feito dos arquivos negros. A cliodinâmica mostra que trouxas podem encontrar muito valor nas séries de registros não digitalizados que a maioria das pessoas nem sabe que contêm tesouros proféticos. O mundo está vigiando mais de perto. E os historiadores estão começando a trabalhar com matemáticos para adotar novas técnicas. Nosso futuro pode muito em breve ser previsto pelo nosso passado.

OS TROUXAS PODERIAM DOMINAR A TRANSFERÊNCIA DE MEMÓRIA DE UMA PENSEIRA?

Diz a lenda que a Penseira era mais velha que a própria Hogwarts. Dizem que os fundadores da escola descobriram a Penseira enterrada parcialmente no chão, feita de uma pedra antiga e entalhada com um tipo estranho de runas saxônicas. A descoberta não apenas situou a criação da Penseira antes da fundação de Hogwarts, mas também havia rumores de que era uma das razões pela qual a escola foi fundada em uma localização tão remota.

A Penseira era um artefato usado para armazenar e organizar memórias. Parecida bastante com uma pedra curta ou bacia de metal, a Penseira, incrustada com entalhes de runas e símbolos estranhos, permanecia cheia de uma substância prateada, que parecia o metal mercúrio na aparência, mas leve e com aspecto de nuvem. Os bruxos que usavam a Penseira transferiam uma forma fina de seus pensamentos e memórias da mente para o artefato, através de uma varinha. A Penseira era a soma das memórias coletadas de todos os bruxos e bruxas que haviam inserido seus pensamentos nela.

Uma ilustre linha de diretores de Hogwarts deixou para trás seu legado em forma de memórias. A coleção representava uma biblioteca valiosa de referência para qualquer bruxa ou bruxo destinado à posição no futuro. Acredita-se que o próprio Dumbledore adicionou suas memórias à mistura, inclusive as que versavam sobre sobre a ascensão e queda de Voldemort. Dumbledore uma vez observou que considerava a Penseira inestimável para organizar a mente, encontrar conexões e padrões que poderiam de alguma outra forma serem perdidos.

A palavra "Penseira" é composta. É uma combinação das palavras *pensar* e *peneira*. Peneirar, obviamente, é drenar, ordenar ou separar. E pensar, derivado do francês e originalmente do latim *pensare*, significa ponderar, e também pode significar refletir ou contemplar. Juntas, pode-se ver que Penseira significa exatamente como Dumbledore a usava – uma relíquia que permitia organizar os pensamentos e memórias.

Uma nota de precaução foi destacada no uso da Penseira. Como visto quando Dumbledore usou Harry como testemunha bruxa de eventos passados, memórias podiam ser vistas por uma perspectiva de terceiros, de não participantes. E, dada a possível natureza altamente íntima e pessoal das memórias armazenadas, a Penseira era vulnerável a possíveis abusos. Então, a maioria das Penseiras era sepultada com seus donos, junto com as memórias que elas guardavam. Algumas bruxas e bruxos entregavam suas Penseiras e memórias para outras bruxas e bruxos, como foi o caso da Penseira de Hogwarts. Mas, que avanços aconteceram na transferência trouxa de memória? E estamos perto de desenvolver a tecnologia que se pareça em qualquer aspecto como uma Penseira?

Edições de memória

A manipulação da memória tem uma longa história na fantasia. *The Memory Clearing House* (*A casa de remoção de memória*), uma história escrita em 1892 por Israel Zangwill, fala sobre remoção e empréstimo de memórias. Assim como com a Penseira, remoção de memória é feita através de um dispositivo, um *noemagraph*, ou escritor de pensamentos, que recebe a impressão do pensamento em uma placa sensível que age como um meio entre as mentes. Em *The Long Result* (*O longo resultado*), escrito em 1965 por John Brunner, um dispositivo é usado para prender memórias sensíveis no tempo, que podem depois serem recuperadas pelo protagonista muitos anos depois.

Talvez as edições de memória mais conhecidas tenham aparecido nos filmes. Na série de filmes *MIB – Homens de Preto*, os agentes MIB usam um neuralizador, um dispositivo que parece um charuto normal que, quando dispara uma luz, apaga a memória do recipiente das últimas horas, dias, semanas, meses ou anos, dependendo das configurações selecionadas. No filme de 1998, *Cidade das sombras*, alienígenas são capazes de editar em massa as memórias dos humanos. Memórias falsas de férias em Marte são implantadas em *O vingador do futuro*, baseado na história de Phillip K. Dick, *We Can Remember It for You Wholesale* (*Nós podemos lembrar disso para você por atacado*), escrita em 1966. As memórias implantadas são mais baratas do que realmente viajar para Marte, mas os problemas começam quando as memórias inseridas se misturam com a realidade. Intrusão de memória também existe no filme *A Origem*, embora neste caso seja feita sem a permissão do sujeito e através de uma tecnologia de hackear sonhos. Não é surpresa que trouxas sejam fascinados por um futuro em que a memória possa ser construída.

Shakespeare em uma seringa

Entre o final dos anos 1950 e metade dos anos 1970, parecia que edição de memória poderia ser realmente possível. A história começou com transferência química de memória em animais. Parecia que as memórias estavam armazenadas em substâncias químicas, que poderiam ser movidas de criatura para criatura. A pesquisa era empolgante. Se as memórias realmente eram programadas em moléculas, o que mais poderia ser possível? Crianças em jardim de infância poderiam dominar a multiplicação ao engolir uma pílula, talvez. Estudantes de faculdade poderiam se tornar fluentes em uma língua estrangeira ao tê-la inserida sob a pele. E atores poderiam memorizar *As obras completas de Shakespeare* ao ter basicamente o grande bardo injetado em sua corrente sanguínea.

O processo de construção de memória começou bem. Cientistas trouxas pensaram que tinham retirado as substâncias relacionadas a memórias do cérebro de um animal e as colocado em outro, com resultados benéficos. Digamos que a primeira criatura fosse treinada em alguma tarefa. Depois da transferência de memória, parecia que a segunda criatura saberia como realizar a tarefa, mas com bem menos treinamento. A segunda criatura basicamente teria uma vantagem inicial, baseada na edição de memória.

Tudo começou com vermes. Os primeiros testes foram feitos em planárias, um tipo de platelminto. Elas foram treinadas para retorcer seus corpos em reação à luz. Se os cientistas jogavam uma luz nos vermes enquanto eles se moviam pelo fundo de um tanque de água raso, e ao mesmo tempo davam a eles um choque elétrico leve, com o tempo os vermes aprendiam a associar a luz com o choque. Eventualmente, os vermes retorciam seus corpos toda vez que uma luz era lançada sobre eles, independentemente de tomarem um choque ou não. Os vermes que se retorciam à luz sozinha eram considerados vermes especialistas. E vermes novatos, que não tiveram tal experiência no tanque de água, se comportavam da mesma maneira que os especialistas, uma vez que tecido era transferido de um verme especialista para um novato.

Na metade da década de 1960, o trabalho de edição de memória seguiu para mamíferos. Uma controvérsia científica já tinha surgido sobre a interpretação dos experimentos com vermes. Agora as apostas eram ainda maiores. E ainda assim, décadas de trabalho foram desconsideradas quando um único artigo científico foi publicado em 1964. Ele veio do laboratório influente do ganhador do Nobel Melvin Calvin. O artigo descreveu o trabalho com as planárias e enfraqueceu todas as primeiras pesquisas em transferência química de memória.

Em 1972, o campo estava quase morto. Um relatório de cinco páginas a favor da ideia de transferência química de memória foi publicado na *Nature*, a revista científica mais prestigiada em biologia. Mas junto estava um editorial crítico de quinze páginas, que enfraqueceu significantemente a credibilidade do campo de edição de memória, mas não existem relatórios publicados que decisivamente refutem a ideia de transferência de memória. Muitos dos resultados positivos das primeiras pesquisas nunca foram explicados. A transferência nunca foi refutada. Parece que os cientistas simplesmente se cansaram dela, ou outros temas mais interessantes apareceram. E, subsequentemente, a *Nature* usou editoriais críticos para a desvantagem de ciência controversa em outros campos.

OS TROUXAS PODEM DESENVOLVER SUA PRÓPRIA FORMA DE TELETRANSPORTE?

B ruxos aparecem nos lugares mais bizarros, não é verdade? Em um momento eles estão observando caldeirões no Beco Diagonal, e em outro eles estão tomando uma cerveja amanteigada no Três Vassouras.

Mas se locomover pelo mundo bruxo é fácil. Há muitas opções de transporte instantâneo, como vassouras, Pó de Flu e chaves de portal.

Talvez o método mais fascinante de viagem seja a aparatação. Esse método mágico de transporte consiste nos três Ds: destino, determinação e deliberação. Um bruxo viajante deve estar resolutamente focado em seu destino desejado, mover-se com pressa, desaparecendo de sua localização atual e instantaneamente reaparecendo em sua localização desejada, mas com deliberação. Em resumo, aparatação é uma forma de teletransporte.

E, como teletransporte no futuro, sua velocidade e facilidade de viajar são de alguma maneira equilibradas pelas desvantagens. Não só aparatação faz barulho, variando de um estalo baixo a um estouro alto, mas também pode levar a ferimentos se for malfeita. Enquanto até elfos domésticos podem aparatar, e bruxos e bruxas experientes realizam aparatação sem uma varinha, bruxos novatos podem perder partes do corpo ao praticar aparatação. Isso acontece quando o bruxo tem determinação insuficiente para atingir seu objetivo. Algumas partes do corpo simplesmente não conseguem chegar ao destino com o bruxo.

Outro fenômeno bruxo similar ao teletransporte é o uso de armários sumidouro. Um par de armários sumidouro age como uma passagem entre dois lugares. Um objeto colocado em um armário vai aparecer no outro. Eles podem transportar bruxos também. Eram muito populares durante a Primeira Guerra Bruxa, quando, para se esconder de um ataque de comensal da morte, um bruxo desaparecia para outro armário, até que o perigo tivesse passado. Mas se um dos armários está quebrado, um objeto viajando entre os dois fica preso em um tipo de limbo.

Então, qual a possibilidade de teletransporte? E qual é a verdade sobre o assunto em fantasia e fato?

Uma breve história do teletransporte na fantasia

Teletransporte tem sido um clássico da fantasia por muitos anos. É o sonho de poder ser capaz de transmitir matéria pelo espaço em um instante e recriá-la exatamente em outra localização. A noção é mencionada em um antigo mito judaico, no qual é chamada de *Kefitzat Haderech*, que literalmente significa "a redução do caminho", ou "atalho".

Esse termo mítico foi adaptado pelo escritor de fantasia americano Frank Herbert. Em sua ficção de 1965, *Duna*, frequentemente citada como a ficção científica mais vendida do mundo, Herbert se refere ao herói do livro como o *Kwisatz Haderach*, um atalho geneticamente criado para um futuro humano e a criação de um *homo superior*.

Muitos mitos e contos mágicos têm pessoas escapando, como se por teletransporte. Mas esses episódios são normalmente retratados como habilidades místicas ou divinas. A primeira exploração do teletransporte moderno veio com o conto de 1877, *The Man Without a Body* (*O homem sem corpo*), de Edward Page. Nesse conto, o herói cientista, depois de desmembrar seu gato com sucesso, telegrafa seus átomos e os reagrupa. Mas, quando foi tentar repetir o experimento nele mesmo, um corte de energia infeliz e mal programado fez com que apenas sua cabeça fosse transmitida.

Esse tipo de contratempo no teletransporte parece comum. Em *A Mosca*, originalmente um conto de 1957 que também virou três filmes, as consequências grotescas de teletransporte são exploradas em detalhe. Um cientista, experimentando com teletransporte, acidentalmente acaba se fundindo com uma mosca no que é para ser assustador, mas na verdade acaba sendo uma sequência de eventos hilária.

Com o passar dos anos, o teletransporte se tornou um item básico em contos de fantasia. Na série *Buck Rogers*, de 1939, o teletransporte era o meio escolhido de viagem para mover personagens de um lugar ao outro. A maioria das pessoas, é claro, associa teletransporte com a frase "Leve-me para cima, Scotty", de *Star Trek*. Essa influente série de TV foi originalmente planejada para fazer seus personagens pousarem as naves em superfícies planetárias. Mas restrições de orçamento no departamento de efeitos especiais fez com que uma solução mais criativa fosse adotada. O teletransportador nasceu daí.

E o teletransporte é misturado com viagem no tempo na série de filmes *O exterminador do futuro*, assim como a franquia *Stargate*, em que buracos de minhoca são usados para ajudar na transferência de um espaço-tempo a outro.

Uma breve história do teletransporte trouxa

O teletransporte na fantasia é normalmente descrito usando a linguagem da tecnologia quântica. A transmissão de matéria desse tipo significa que o objeto ou pessoa original é destruído e reconstruído em outro lugar. Você pode ver como esse método pode ter encontrado dificuldades de formar quórum! E se a "reconstrução" não sair de acordo com os planos? Há trilhões de átomos no corpo humano. E isso significa que uma pessoa necessitaria ser quebrada em átomos individuais antes que estes fossem catalogados, digitalizados e teletransportados. Depois, o processo inteiro teria que ser feito ao inverso, para reagrupá-los na nova localidade. E para onde a alma iria, supondo que tal coisa exista? (Isso também cria a possibilidade de talvez separar a alma em partes constituintes, embora essa seja outra história.)

Uma forma de evitar esse problema de teletransporte por partes é a duplicação. Nesse esquema, em vez da destruição e recriação simultânea de um objeto ou pessoa, o teletransporte simplesmente gera uma cópia exata à distância. Mas aí, esse método tem o problema diferente de quem é exatamente o "original".

Trouxas têm sido lentos em acompanhar a fantasia. Em 2002, cientistas australianos teletransportaram com sucesso um raio laser ao digitalizar um fóton específico, copiá-lo e então recriá-lo em uma distância arbitrária. Equipes de cientistas na Alemanha e nos Estados Unidos depois teletransportaram independentemente íons de cálcio e berílio usando uma técnica bem similar da outra. Um outro desenvolvimento ocorreu na Dinamarca em 2006. Aqui, os cientistas teletransportaram um objeto por meio metro. Embora minúsculo em escala, o objeto do experimento dinamarquês foi todavia construído com bilhões de átomos.

O Professor Michio Kaku, da City University de Nova York, acredita que a tecnologia para teletransportar uma pessoa viva para outro lugar na Terra, ou até mesmo para o espaço, poderia estar disponível no final do século. O Professor Kaku, conhecido como um notório futurista otimista nos temas de viagem no tempo e invisibilidade, fez um estudo de várias tecnologias da fantasia e determinou que algumas vão acontecer algum dia.

O Professor Kaku sugeriu:

> Vocês conhecem a expressão *Leve-me para cima, Scotty*; nós costumávamos rir dela. Nós físicos costumávamos rir quando alguém falava sobre teletransporte e invisibilidade, algo assim, mas não damos mais risada – nós percebemos que estávamos errados. Teletransporte quântico já existe. Em um nível atômico, nós já fazemos isso. É chamado de entrelaçamento quântico.

Ele descreveu o processo como um que permite conexões, algo como um cordão umbilical, a ser formado entre átomos, com suas informações transmitidas entre outros mais distantes. "Eu acho que em uma década nós vamos teletransportar a primeira molécula", concluiu o Professor Kaku.

QUE TECNOLOGIA É A VERSÃO TROUXA DA HORCRUX?

E ra a especialidade de Voldemort. Ele dividia sua alma, e escondia fragmentos dela em objetos fora de seu corpo. Assim, mesmo que seu corpo fosse atacado ou destruído, ele não poderia morrer, já que parte da sua alma era transcendida; ela permanecia na Terra e sem danos. A palavra usada para um objeto mágico em que a pessoa esconde parte de sua alma dessa maneira é "horcrux". E é um veículo fantástico de transcendência.

Para criar uma horcrux, um bruxo tinha que cometer um assassinato calculado. O ato de assassinar danificaria sua alma. E esse dano poderia ser usado para conjurar um feitiço, que arrancaria o fragmento danificado da alma e o guardaria em um objeto. Se o bruxo fosse depois assassinado, ele poderia transcender a morte, vivendo em uma forma não corpórea. Mas existem também formas de retomar um corpo físico.

Voldemort levou sua alma ao limite ao criar suas sete horcruxes. Isso deixou sua alma volátil e com risco de ser quebrada se ele fosse assassinado. O processo começou quando ele criou uma horcrux durante o que era seu quinto ano em Hogwarts. Horcruxes eram originalmente pensadas como singulares, mas Voldemort criou sete, presumidamente na esperança de que as sete o fariam mais forte do que apenas uma.

Na realidade, assim como na fantasia, os humanos têm por muito tempo buscado transcender nossa realidade em algum tipo de nova existência. Historicamente, a ideia de transcendência reside, na maior parte, no campo da fé. Mas cada vez mais cresceu a noção de que a ciência pode ser de alguma forma capaz de nos mover além de nossas limitações físicas. A tecnologia de transcendência pode estar quase aí.

Transcendência e eletruques

Einstein uma vez comentou: "A realidade é meramente uma ilusão, embora uma bem persistente". Quando a fascinação por eletricidade apareceu, a noção de transcendência rapidamente surgiu. Benjamin Franklin trouxe a eletricidade para a Terra através de seu para-raios. Michael Faraday conjurou um coquetel de eletricidade e magnetismo no dínamo. E o nervo ciático exposto de uma perna de sapo empurrou Luigi Galvani para a descoberta da bioeletricidade.

Ainda assim, alguns achavam que era magia negra. Primeira ciência a se materializar depois de Newton, a eletricidade tem uma longa e lendária história. Desde tempos antigos, as pessoas têm valorizado a doutrina das afinidades. A atração do âmbar ilustrou a ideia de deter-se nas virtudes com uma substância especial. Como num passe de mágica, a encantadora propriedade de virtude do ímã foi concedida a outros objetos através do toque. As possibilidades pareciam infinitas.

Nesse clima veio Mary Shelley e seu *Frankenstein*, que definiu uma época. Em junho de 1816, Mary Wollstonecraft Godwin e seu pretendido, Percy Bysshe Shelley, visitaram Lorde Byron no Lago Genebra. Naquele ano sem verão, parecia que o planeta inteiro estava congelado em um inverno vulcânico iniciado pela erupção do Monte Tambora no ano anterior. Mantidos dentro de casa pelo clima incessante, os românticos começaram a conversar. Seu material de leitura era na maioria fantasia, incluindo *Fantasmagoriana*, uma antologia de histórias de fantasma alemã que falava sobre criar vida. Um experimento creditado a Erasmus Darwin relatou que um pedaço de aletria, conservado em um estojo de vidro, começou a se mover voluntariamente. Mary depois caiu em um pesadelo desperto no qual um "estudante pálido das artes não santificadas se ajoelhando ao lado da criatura que ele montou" a assombrava. O pesadelo foi a semente para Frankenstein.

Frankenstein é essencialmente um conto de transcendência. Victor Frankenstein é o Fausto da Nova Filosofia. O subtítulo da ficção, *O Prometeu Moderno*, também faz comparação com o roubo do fogo dos deuses por Prometeu para lucrar. O sonho de Victor é o poder ilimitado através da ciência, um poder trazido por uma agência humana, não sobrenatural. Victor rejeita as artes das trevas dos antigos alquimistas do mundo Paracelso, Alberto Magno e Cornélio Agrippa, e olha para o futuro. Ele se torna obsessivo com a essência da vida. Ele consegue desvendar a maneira através da qual matéria morta pode receber a fonte da vida. Com a intenção de fazer sua criatura ser bonita, Victor constrói uma criatura mecanicamente sólida, mas grotesca, usando pedaços de cadáver de sepulturas. Só quando inspirado pela nova ciência desenfreada, ele é presenteado com esse triunfo terrível da criação.

Com a história de *Frankenstein*, Mary Shelley explorou a empolgação sobre eletricidade da época. Por toda a Europa, havia uma animação sobre o uso dessa nova força, e pesquisas frenéticas sobre o potencial da eletricidade para sustentar, criar e até transcender a própria vida. A potência dessa nova energia é evidente nas palavras de Victor Frankenstein sobre a nova ciência e seus bruxos:

> Eles sobem aos céus: eles descobriram como o sangue circula, e a natureza do ar que respiramos. Eles adquiriram poderes novos e quase ilimitados; eles podem comandar trovões no céu, simular um terremoto, e até imitar o mundo invisível com suas sombras.

Darwin entre as máquinas

A primeira promessa de eletricidade nunca se realizou. Mas a nova tecnologia de transcendência é a inteligência das máquinas. As teorias de evolução de Darwin foram inicialmente levadas ao mundo das máquinas pelo escritor britânico Samuel Butler. Em seu livro de 1872, *Erewhon* (um anagrama da palavra *nowhere* – lugar nenhum), o herói viaja para uma sociedade futura que baniu a evolução tecnológica. Eles tinham medo de que as máquinas evoluíssem, tornando-se inteligentes e conscientes, e escravizassem seus mestres humanos.

> Agora é complexo, mas quanto mais simples e mais inteligentemente organizada ela pode se tornar em outros 100 mil anos? Ou em 20 mil? Pois um homem na atualidade acredita que seu interesse está naquela direção; ele gasta uma quantidade incalculável de trabalho e tempo e pensamento fazendo máquinas se reproduzirem cada vez melhor; ele já teve sucesso em fazer algo que parecia impossível, e parece não haver limites para os resultados de melhorias acumuladas se eles são autorizados a descender com modificações de geração em geração.

> – Samuel Butler, *Erewhon*

Os perigos de permitir que máquinas pensem estão portanto presentes desde o começo na ficção de fantasia. E agora, acadêmicos acreditam que os humanos podem realmente *se tornar* máquinas. Quando a inteligência artificial estiver avançada o suficiente, engenheiros serão capazes de fazer *upload* da consciência humana em uma máquina. A suposição é a de que a consciência possa de alguma forma ser replicada em uma série de emulações do cérebro, e então a pessoa em questão poderia ser encapsulada da mesma forma que uma alma em uma horcrux.

Se isso lhe acontecesse, você seria transcendido. Sua nova capa ou corpo poderiam ser um robô ou um androide, ou você poderia simplesmente viver em uma realidade virtual. Você poderia pensar e agir mil vezes mais rápido, e ser muito mais apto para o futuro. Na verdade, como Voldemort, por que parar em uma? Se sua consciência pode ser guardada, por que não se decantar em sete capas diferentes, da mesma maneira que Voldemort criou suas sete horcruxes?

Como nós nos sentiríamos sendo transcendidos? Talvez possamos tentar responder a essa questão ao considerar o filme de 1994, *Frankenstein de Mary Shelley*, dirigido por Kenneth Branagh, e estrelando Robert De Niro. Ao contrário do livro, Branagh faz Victor Frankenstein reanimar Elizabeth, o amor de sua vida, que foi assassinada. Há uma sequência estranhamente tocante, mas ainda assim perturbadora e grotesca no filme, quando o amor reanimado de Frankenstein percebe a coisa não natural e extremamente horrenda que ele fez. A Elizabeth reanimada fica furiosa, alienada pelo monstruoso estado de limbo onde ela se encontra. Talvez seja essa a sensação de ser transcendido.

APENAS BRUXOS E BRUXAS POSSUEM VARINHAS?

Pau-brasil, jacarandá, romeira, abeto vermelho ou videira. Espinheiro-negro, faia ou salgueiro. No universo de *Harry Potter*, havia quase quarenta variedades diferentes de madeira para varinhas. E os artesãos de varinhas também trabalhavam com uma cornucópia de cores diferentes. Você poderia encher sua varinha com pena de fênix, fibra de coração de dragão, pelo de cauda de unicórnio ou outras treze opções exóticas. A varinha era a arma preferida do bruxo. Era o objeto através do qual um bruxo ou bruxa canalizava sua magia. As varinhas eram feitas dessas diferentes madeiras, com uma substância mágica em seu núcleo, e eram de variados comprimentos e maleabilidades para resultados mais focados e abrangentes.

De fato, no mundo mágico, a maioria dos feitiços era feita com varinhas, já que magia sem varinha exigia mais habilidade e perspicácia. A magia da varinha era normalmente conjurada com um encantamento. Mas bruxos mais sábios e experientes podiam também lançar feitiços não verbais, ocultando o feitiço até ser lançado, e possivelmente impedindo o oponente de se proteger dele.

Cada varinha era única. Embora os núcleos das varinhas pudessem vir da mesma criatura, e a madeira, da mesma árvore, não havia duas varinhas exatamente iguais. E, dependendo do caráter da madeira e da criatura mágica de onde ela veio, dizia-se que a varinha era quase senciente; ser imbuída com uma grande quantidade de magia fazia dela, de certa forma, senciente e viva. Varinhas eram feitas e vendidas na Grã-Bretanha pela família Olivaras, que começara a fabricação de varinhas em 382 a.C.

O estudo da história e das propriedades mágicas das varinhas era conhecido como Varinhologia. Essa disciplina era considerada uma divisão complexa e misteriosa da magia, que incluía a ideia de que a varinha escolhia o bruxo, e não o oposto, e que varinhas podiam mudar de lealdade. Mas apenas bruxas e bruxos agitam as varinhas, ou a Varinhologia tem uma história muito mais longa?

A varinha como símbolo

Hoje em dia, parece que a varinha está em todos os lugares. As varinhas mais famosas são, talvez, as empunhadas por muitos personagens ficcionais, como a fada-madrinha da Cinderela, pelos magos e feiticeiros do jogo de RPG online para multijogadores *World of Warcraft*, e no livro *O Hobbit*, de Tolkien, por Gandalf, cujo próprio nome em Humano Nórdico (uma das línguas inventadas por Tolkien) significa "elfo da varinha".

Ciência e tecnologia adotaram a palavra varinha[4] para muitas invenções: para se referir coloquialmente a um detector de metais portátil, como os usados em aeroportos e prédios de alta segurança; para designar os controles atrás do volante para faróis, limpadores de para-brisas e outros, e na música, aplicada ao modelo moderno da batuta do maestro, usado para invocar a música de um conjunto de músicos.

Varinhas mágicas têm estado conosco por milênios. Algumas pinturas rupestres da Idade da Pedra ilustram humanos antigos segurando varinhas, o que pode ter sido uma representação simbólica

---

4   Em inglês, a palavra utilizada é *wand*, que significa, além de varinha: vara, bastão, batuta e cedro. (N.T.)

de seus poderes. Varinhas também aparecem em obras de arte dos antigos egípcios. De fato, a datação da fabricação de varinhas da família Olivaras em 382 a.C. é provavelmente em reconhecimento da evidência acima, e o conhecimento de que combinar varinha, madeira e bruxo era uma faceta das culturas druídicas que existiram na Europa antes do cristianismo. Os bruxos, ou feiticeiros, das cerimônias mágicas dos druidas empunhavam varinhas feitas de salgueiro, teixo, espinheiro-alvo ou outras madeiras de árvores que eles consideravam sagradas. Tais varinhas eram apenas esculpidas no crepúsculo ou no amanhecer, pois eram considerados os melhores períodos para capturar o poder do sol. E o entalhe era feito usando uma faca sagrada, que havia sido mergulhada em sangue. A varinha como um símbolo de poder também tem uma aparição no cristianismo. Uma história de Moisés no Velho Testamento conta sobre ele empunhando uma varinha mágica na forma de um cajado de pastor tanto para dividir o Mar Vermelho como para tirar água de uma pedra. E uma representação de Jesus do século IV, devolvendo a vida de Lázaro de Betânia, mostra Cristo tocando Lázaro com uma varinha, dando a entender que a varinha serviu como um para-raios através do qual forças sobrenaturais poderiam ser conduzidas.

Como a Varinha das Varinhas, antigas varinhas mágicas ainda existem. Do Egito, e remontando a 2800 a.C., essas antigas varinhas são esculpidas em marfim de hipopótamo. Como o hipopótamo é conhecido por ser uma criatura altamente agressiva e inconstante, classificada como um dos animais mais perigosos na África, qualquer bruxo que empunhasse uma varinha feita desse animal certamente se beneficiaria também de seu poder formidável.

O hipopótamo não era a única criatura incluída nas varinhas do Egito antigo. As chamadas varinhas apotropaicas ("apotropaico" aqui significa evitar o mal) eram usadas para espantar o poder dos demônios. Datadas de cerca de 2100 a.C., eram curvadas e decoradas com criaturas mágicas como o grifo e a esfinge, assim como animais mais comuns como touros e babuínos, gatos e crocodilos, panteras e leões (supondo que você conseguisse caçar essas criaturas), cobras e sapos.

A varinha mais misteriosa

A melhor história de varinha de todos os tempos vem do enterro cerimonial mais antigo de que se tem conhecimento na Europa Ocidental. Era o ano de nosso Senhor, 1823. Um cavaleiro sozinho galopa pela noite, adornado com uma cartola e robe esvoaçante. Seu destino era a costa sudoeste da terra de Merlin: País de Gales, e em particular, a península Gower. O cavaleiro cavalga pela história, para o passado. Em *todos* os nossos passados. O homem no cavalo constitui um novo tipo de detetive. Ele é o Professor William Buckland, mestre de rochas como professor de Geologia na Universidade de Oxford, e está armado com um martelo. Nosso professor está para fazer uma descoberta que estremecerá a terra. Ele foi chamado à caverna Paviland, uma das cavernas nas rochas de calcário de Gower. A caverna foi descoberta um ano antes, mas então, em 1823, uma das mais importantes descobertas estava para ser revelada. Porque o que Buckland estava para descobrir involuntariamente ajudaria a revelar a própria história do tempo.

Naquela caverna escura, Buckland encontrou o primeiro fóssil humano recuperado no mundo. Mas não é só isso. Nas palavras de Buckland:

> Encontrei o esqueleto revestido por uma cobertura de um tipo de ocre [...], que manchava a terra, e em algumas partes se estendia a uma distância de cerca de um centímetro em torno da

superfície dos ossos [...]. Perto daquela parte do osso da coxa onde normalmente o bolso é usado, rodeado também pelo ocre (estavam) cerca de dois punhados de *Nerita littoralis* (conchas de caramujo). Em outra parte do esqueleto, em contato com as costelas (estavam) quarenta ou cinquenta fragmentos de varinhas de marfim (e também) alguns fragmentos pequenos de anéis feitos do mesmo marfim e encontrados com as varinhas [...]. Ambos, varinhas e anéis, assim como as conchas de caramujo, manchados superficialmente de vermelho, estavam na mesma substância vermelha que revestia os ossos.

Buckland também encontrou um crânio de mamute, repousando junto com os ossos. O diagnóstico do professor era típico de seu tempo. Como um criacionista, Buckland calculou mal tanto a idade como o gênero do esqueleto, pois acreditava que nenhuma ossada poderia ser mais antiga que o grande dilúvio bíblico. Então, ele subestimou enormemente a idade verdadeira, acreditando que a ossada era de uma mulher, principalmente devido à descoberta de itens decorativos, incluindo a varinha, que achavam que era de marfim de elefante, mas agora sabe-se que foram esculpidas da presa de um mamute. A varinha de mamute fez Buckland acreditar que a ossada pertencia a uma prostituta ou a uma bruxa. Talvez a velha bruxa galesa vivesse em um acampamento romano perto dali, mas Buckland sentiu que era definitivamente uma mulher. Havia a varinha. Havia joias, e a ossada estava coberta com ocre vermelho. De fato, até hoje, a ossada humana ainda é conhecida como a Dama Vermelha de Paviland. Mas esse não era um esqueleto comum.

A identidade verdadeira desse esqueleto com uma varinha seguiu então em uma jornada incrível. No tempo que se passou desde a descoberta, em 1823, acadêmicos fizeram descobertas surpreendentes sobre a Dama Vermelha. Era na verdade um homem, e jovem, de não mais de vinte e poucos anos. Como seu esqueleto fora encontrado sem o crânio, oferecer estimativas era um desafio. Mas ele pode ter tido 1,72 metro de altura e pesado cerca de 68 quilos. A ausência de crânio infelizmente impediu o uso de antropologia forense para recriar seu rosto. A decapitação era comum em enterros na Europa no período Paleolítico Superior, embora alguns tivessem especulado que o crânio pode ter sido levado pelas águas durante a subsequente enchente na caverna. O rosto desse homem, o bruxo da Idade da Pedra, um dos antepassados britânicos mais antigos, permanecerá um mistério.

O criacionista Buckland pouco percebeu a verdadeira natureza de sua descoberta. O esqueleto que Buckland afirmou ser de uma prostituta era, no tempo da descoberta, o primeiro esqueleto humano moderno encontrado em todo o mundo. Ele permanece o mais antigo já encontrado no Reino Unido, e também o ritual de enterro mais antigo descoberto na Europa. Houve novas descobertas na área onde a Dama Vermelha foi achada. Milhares de lascas de pedra, dentes e ossos, assim como agulhas e braceletes foram encontrados. Tal evidência sugere que a caverna foi visitada regularmente por nossos antepassados humanos por cerca de 10 mil anos, até que a última era glacial os forçou a ir para o sul.

A Dama Vermelha é prova de um dos mais antigos bruxos conhecidos. É provável que a caverna fosse sagrada para os povos paleolíticos, talvez um local de peregrinação antiga. Xamãs podem ter contatado o mundo dos espíritos na caverna. Isso, junto com o crânio de mamute originalmente encontrado com o esqueleto, levantou sugestões de que a Dama Vermelha era um xamã, ou pelo menos um importante chefe tribal. Ao longo dos séculos, seu esqueleto com a varinha deve ter se tornado uma relíquia reverenciada em sua caverna-santuário.

LUMOS! COMO UMA VARINHA PODERIA EMITIR LUZ?

No mundo bruxo, há uma peça útil de magia que pode transformar a varinha de uma bruxa ou bruxo em uma lanterna sem uma chama. Antes da invenção das luzes elétricas, ter um instrumento que poderia ser comandado a emitir luz à vontade teria sido uma coisa extraordinária mesmo.

Hoje em dia, tal dispositivo iluminador não seria algo tão extraordinário, exceto pelo fato de que a luz é produzida na ponta do que é basicamente um galho pontudo. Muitas pessoas carregam seus celulares para todo lado, que têm múltiplas funções, incluindo luz instantânea. Há até uma função nos aparelhos Android em que o usuário pode apenas dizer *Lumos* no aplicativo do Google e ativar a lanterna do seu telefone. Ele também pode dizer *Nox* para desligá-la.

Dessa forma, trouxas brandem seus celulares como uma fonte de luz de uma forma similar ao bruxo empunhando sua varinha. Então, o que seria necessário para ter uma varinha que emite luz como uma lanterna?

Lumos!

Esse feitiço literalmente esclarecedor é uma das melhores formas que um bruxo tem de iluminar situações deploravelmente mal iluminadas. Uma vez ativada, a varinha de um bruxo emitirá luz da ponta como se fosse o dedo do E.T.

Quando uma forma de vida usa reações internas para criar luz, o processo é chamado de bioluminescência. Pirilampos, vaga-lumes, tamboris e vários outros animais têm esta habilidade de produzir luz sempre que quiserem, mas a luz geralmente é azul, verde e algumas vezes vermelha. Como a varinha não é uma forma de vida, nós podemos desconsiderar a bioluminescência como o mecanismo de produção de luz.

A luz também pode ser emitida ao misturar dois químicos. Os químicos reagem e emitem luz através de um processo chamado quimioluminescência. É assim que pulseiras de neon funcionam. Vêm em uma variedade de cores e podem brilhar muito se aqueci-das, embora o tamanho da ponta da varinha brilhante limitaria a quantidade de luz que pode ser emitida. A emissão de luz também pode ser interrompida ao torná-las extremamente frias. Então, quimioluminescência é um candidato possível.

Geralmente, quando falamos de emissão de luz, há muitas fontes possíveis, mas a mais comum envolve ou incandescência ou luminescência. Incandescência envolve luz sendo emitida como resultado da temperatura da matéria, enquanto luminescência é a luz sendo emitida independentemente da temperatura da maté-ria. Em relação a varinhas, isso significa que se o *Lumos* funciona através de incandescência, então a varinha deveria também emi-tir uma quantidade detectável de calor, ao passo que se funciona através de luminescência, então a varinha poderia funcionar com uma fonte de luz muito mais fria.

Fazendo luz

A luz é uma forma de radiação eletromagnética (EM), transmi-tida como fótons carregando energias diferentes. Geralmente, os fótons que nos trazem luz são o resultado da absorção e emissão de energia pelos elétrons nos átomos. Elétrons apenas absorvem e liberam energia em quantidades específicas, conhecidas como *quantum*.

A respeito da luminescência, essa energia absorvida pode vir de fontes variadas, com cada tipo de luminescência identificado por sua fonte de energia específica. Por exemplo, eletroluminescência é causada por eletricidade, sonoluminescência é ativada por som e fotoluminescência é instigada por energia dos fótons.

Quando um elétron absorve essa energia, ele aumenta seu nível de energia, e o átomo fica em um estado animado. Logo depois, o elétron reemite essa energia como um fóton, fazendo o elétron baixar ao seu nível original de energia, devolvendo o átomo a um estado desanimado ou parado. Os fótons emitidos de um átomo têm diferentes frequências correspondentes à quantidade de energia que carregam. Quanto mais alta a frequência de um fóton, maior a energia que ele tem.

As frequências de radiação eletromagnética que podemos perceber com nossos olhos é conhecida como luz visível, englobando todo o espectro de cores que podemos ver no arco-íris. Cada matiz ou cor de um arco-íris corresponde a uma frequência específica de luz visível. Luz vermelha é a frequência mais baixa que podemos ver, a aproximadamente 430 terahertz, e a frequência mais alta é aproximadamente 770 terahertz, a frequência da luz azul. Quando enxergamos luz, ela é normalmente composta de frequências diferentes, ou seja, um conglomerado de matizes diferentes. Se há uma intensidade maior de alguma frequência em particular, então no geral a luz parece ganhar um pouco mais daquele matiz. Mas se todas as frequências estão presentes em proporções praticamente similares, então no geral nós a percebemos como luz branca.

O fato de que o feitiço *Lumos* emite uma luz branca brilhante indica que a varinha está emitindo fótons de todas as partes do espectro visível. Esses fótons podem ser produzidos ao usar qualquer uma das diferentes formas de luminescência. Cada uma tem seus próprios benefícios para produzir luz com uma varinha, embora a luminescência não seja a única opção disponível.

Incandescência

Todos os objetos que não estão em zero absoluto (sendo a temperatura mais fria possível -273°C) emitem fótons na forma de radiação termal. Esse processo é conhecido como incandescência.

Se o objeto emitindo luz é opaco (a maior parte da luz está vindo dele próprio, ao invés de ser refletida), então o objeto pode ser classificado como o que chamamos de um corpo negro. E por causa disso, a radiação eletromagnética (EM) que ele emite é considerada radiação de corpo negro.

A cerca de 525°C, chamado de ponto de Draper, a maioria dos materiais sólidos começará visivelmente a brilhar. Nessa temperatura, a frequência de reação EM máxima é o infravermelho, mas como parte da emissão chega no ponto mais vermelho do espectro visível, nós somos capazes de registrar a radiação como um brilho vermelho fraco. É por isso que quando uma lâmpada de luz incandescente é mudada para uma luz (e temperatura) mais baixa, o filamento pode ser visto como um vermelho brilhante. Aumentar a temperatura aumentará também a intensidade da luz emitida (ela fica mais brilhante), assim como a frequência máxima da luz. Isso faz sua cor mudar de vermelho para laranja, amarelo, e aí branco nas temperaturas mais quentes, daí o termo "white hot" (calor branco, ou aquecimento até a incandescência) para descrever calor extremo.

Nas temperaturas a que a lâmpada está exposta, o filamento de tungstênio dela se queima rapidamente se há oxigênio presente.

É por isso que os filamentos estão dentro de uma lâmpada que não contém oxigênio. Isso era feito ao criar um vácuo dentro da lâmpada, mas depois descobriram que preenchê-la com um gás inerte como o argônio poderia desacelerar a evaporação do filamento, o que lhe permite operar em temperaturas mais altas.

A ponta da varinha poderia ser aquecida até emitir luz visível, mas estando em um ambiente com oxigênio significa que ela acenderia e apagaria rapidamente. Isso seria exacerbado pelo fato de que a varinha é feita de madeira, que é bem menos robusta que o mais resiliente tungstênio, usado como filamento na maioria das lâmpadas incandescentes. Entretanto, cada varinha também tem um núcleo com alguma substância mágica como pelo de cauda de unicórnio, fibra de coração de dragão ou pena de fênix. Talvez essas substâncias mágicas ajam como os filamentos com propriedades ainda melhores que o tungstênio.

Lumos Solem: recriando luz solar

No filme *Harry Potter e a Pedra Filosofal*, Hermione usa o feitiço *Lumos Solem* para produzir um forte raio de luz para imitar a luz solar. A luz solar poderia ser replicada em uma varinha?

Em seu núcleo, as estrelas dependem de fusão termonuclear para fornecer a energia para produção de fótons. Sob imensa pressão e temperatura, os núcleos atômicos são fundidos no núcleo das estrelas. Isso libera energia que gradualmente atinge a camada da superfície da estrela, chamada de fotosfera. Os átomos na fotosfera absorvem a energia, e então a liberam novamente como luz visível em sua maior parte. A fonte real de luz visível em uma estrela é a fotosfera, que está liberando fótons como resultado de seus elétrons estarem energizados pela radiação vinda de dentro da estrela.

As camadas abaixo da fotosfera são também muito densas para serem penetradas pela luz visível, o que significa que a estrela é essencialmente opaca abaixo da fotosfera. Assim, a estrela pode ser considerada quase um corpo negro e age como uma fonte de luz incandescente. Dessa forma, embora uma lâmpada não possa fornecer uma luz exatamente comparável à do sol, ela ainda divide com ele a propriedade de ser uma fonte de luz incandescente. Nós poderíamos simplesmente colocar uma lâmpada pequena na ponta da varinha para fornecer a função *Lumos*?

Bem, lâmpadas pequenas incandescentes foram incorporadas a tochas ou lanternas pela primeira vez por volta de 1900. Elas eram alimentadas por eletricidade de pilhas secas. Essas lâmpadas tinham limitações de duração e luminescência. Nos dias de hoje, lâmpadas incandescentes podem ser tão pequenas quanto meio centímetro de comprimento, com potência de 0,3 Watt. Se uma dessas lâmpadas fosse colocada na ponta de uma varinha e alimentada com uma fonte de energia adequada, então seria possível emitir um *Lumos* como luz branca. Desde que tal lâmpada pudesse ser alimentada com energia elétrica suficiente e fosse robusta o bastante para ser operada em temperaturas altas, ela poderia fornecer luz pela ponta da varinha.

Uma opção mais eficiente seria usar Diodos Emissores de Luz (LEDs). Diferentemente das lâmpadas incandescentes, eles funcionam através de eletroluminescência. Em seu funcionamento, os LEDs também não emitem tanta energia de calor residual como as fontes de luz incandescentes, então são mais eficientes. Como resultado, demandam fontes menores de energia para produzir luz com a mesma força e podem ser produzidos em tamanho muito menor.

Lumos maxima

Em *O Prisioneiro de Azkaban*, Harry Potter usa o *Lumos Maxima* para emitir a maior forma de luz possível da varinha. Ele basicamente transforma a varinha em um holofote.

Quanto mais brilhante a luz, mais fótons são liberados por segundo. Para liberar mais fótons, teríamos que aumentar a área da superfície que está emitindo os fótons. Seria como fazer a varinha emitir luz de metade de seu comprimento em vez de apenas da ponta. Mais área da superfície significa mais fótons sendo emitidos, levando a uma luz mais brilhante.

Com fontes de luz incandescente, nós poderíamos aumentar o número de fótons sendo liberados ao aumentar a temperatura, embora isso fosse mudar um pouco a frequência da radiação máxima e a cor mudaria também. Então, tirando a possibilidade de a varinha ser uma fonte de luz incandescente aquecida, somos deixados com uma fonte de luz luminescente mais fria, como a lanterna de LED no celular ou uma tela de LED branco.

Se a luz da varinha é resultado da luminescência, então dependendo do método exato, ela exigiria um aumento na taxa de reações produtoras de luz. Isso poderia ser feito ao aumentar a temperatura das reações, ou da voltagem fornecida, ou qualquer outro processo por trás da produção de luz.

Então, a varinha com a ponta brilhante poderia ser feita de algumas formas. Entretanto, qualquer que seja o processo exato de criação da luz, ainda dependeria de elétrons sendo estimulados a níveis mais altos de energia, e em seguida emitindo aquela energia novamente como luz.

ALGUM DIA VEREMOS UMA CAPA DA INVISIBILIDADE?

Ideias fantásticas de vestimentas de invisibilidade existem desde muitos anos atrás. Na mitologia galesa medieval, entre os "Treze tesouros da Ilha da Bretanha", há um objeto chamado de Manto de Artur na Cornualha, que poderia fazer seu usuário se tornar invisível.

No mundo bruxo, a capa da invisibilidade que Harry Potter herda é conhecida por ser uma das três lendárias Relíquias da Morte, que dizem terem sido criadas pela própria Morte para um dos irmãos Peverell no século XIII. Na lenda, a intenção original da capa era permitir ao usuário caminhar sem ser seguido pela Morte, mas geralmente era para esconder a pessoa de seus inimigos. Não é de surpreender que no mundo real a ideia de uma vestimenta ou dispositivo que pudesse fazer alguém praticamente impossível de ser visto seja bem atraente; especialmente entre os militares.

Camuflagem

Por anos, os militares têm usado roupas camufladas para tornar mais difícil para inimigos os encontrarem. Normalmente, a camuflagem envolve usar cores que combinem com os arredores, assim como usar formas e padrões disruptivos para quebrar o contorno percebido do objeto. Ela basicamente mexe com a forma com que percebemos o que vemos, e não fazendo o objeto ficar completamente invisível.

Na natureza, a habilidade de um organismo se mesclar com seu ambiente é conhecida como crípse, e oferece uma vantagem de sobrevivência ao organismo. Por exemplo, devido a sua cor, o urso polar é mais difícil de ser visto em seu ambiente cheio de neve, enquanto um bicho-folha tem a cor e a forma das folhas da árvore onde ele vive. Como as características adaptáveis desses animais não mudam com o tempo e o lugar, esses animais estão usando camuflagem passiva. Por outro lado, camaleões e polvos usam camuflagem ativa (também conhecida como adaptável), pois adaptam a cor, padrão, textura ou forma de sua pele para combinar com quaisquer arredores de onde estejam. Polvos, especialmente, podem alterar todas essas características para imitar objetos em seus arredores, enquanto um camaleão pode principalmente mudar a cor e o padrão.

Em seu mundo, os bruxos têm sua própria habilidade análoga à do camaleão. É chamada de Feitiço de Desilusão e faz o corpo do sujeito tomar a cor e textura das coisas atrás dele. Novamente, com todos os exemplos anteriores, o alvo ainda é visível, mas fica disfarçado de uma maneira que torna mais difícil para os outros reconhecer o que eles são.

Camuflagem adaptável

Camuflagem adaptável tem sido pesquisada por vários grupos de cientistas trouxas, para aplicações humanas e também em veículos. Em 2003, um professor na Universidade de Tóquio desenvolveu um sistema chamado Camuflagem Óptica, que usa o que é descrito como Tecnologia de Projeção Retrorrefletora (RPT).

Uma câmera captura o fundo que é obscurecido por um objeto, e então um projetor óptico mostra essa imagem na frente do objeto em tempo real. O objeto é coberto em uma espécie de material retrorrefletivo, que age como uma tela para a projeção.

Em 2012, a série de TV britânica *Top Gear* criou um sistema para um Ford Transit. Eles cercaram a van com quatro paredes de televisores de tela plana voltados para frente, para trás, para a esquerda e para a direita. Opostas a cada parede de televisores, posicionaram câmeras que retransmitiam imagens ao vivo da vista do outro lado da van. A Mercedes-Benz usou um esquema similar em um anúncio para sua tecnologia de combustível de hidrogênio F-CELL. No lugar das TVs de tela plana, eles cobriram um lado do carro com uma gama de LEDs.

Mais recentemente, nos EUA, uma empresa chamada Folium Optics vem trabalhando em uma tecnologia que poderia ser usada em veículos de combate. A tecnologia usa uma série de células hexagonais que podem trocar de cor para combinar com seus arredores. As células também são refletoras, então o sistema não requer muita energia enquanto combina naturalmente o brilho das condições de iluminação do ambiente.

Apesar dos melhores esforços, uma desvantagem com camuflagem é que se o objeto escondido se move, ou é visto de ângulos diferentes, tende a perder sua vantagem dissimulada. Um objeto verdadeiramente invisível, como evocado pela capa da invisibilidade, não deveria ter esse problema. Então, como algo poderia realmente tornar-se invisível?

O olho é o limite

A invisibilidade está nos olhos de quem vê, e, nesse caso, é o ser humano que vê coisas através da luz visível. O papel que nossos olhos têm é utilizar a luz vinda de objetos ao nosso redor. Os olhos primeiro evoluíram sob a água, que é um lugar onde apenas certas frequências de luz podem penetrar. Assim, nossos olhos se tornaram mais sensíveis às frequências que penetram na água, especificamente luz visível.

Os tipos de radiação micro-ondas, infravermelha e ultravioleta (UV) são absorvidos por moléculas de água, o que significa que não penetram bem na água; os olhos não precisariam evoluir em sensibilidade a esses comprimentos de onda de luz. Embora alguns insetos, como abelhas, possam perceber algumas frequências de luz ultravioleta.

A razão pela qual nós vemos o mundo é porque nossos olhos podem absorver a luz visível vinda dos objetos. O processo exige que a luz seja absorvida em partes especiais do olho, particularmente em estruturas chamadas bastonetes e cones, que existem na retina. Temos cerca de 120 milhões de bastonetes e mais de 6 milhões de cones em nossa retina. Os bastonetes são sensíveis à luz de nível baixo, enquanto os cones respondem às frequências de luz visível associadas com as cores.

Qualquer coisa que não emita luz visível é efetivamente invisível para nós, mas alguns animais como cobras são capazes de detectar radiação infravermelha. As cobras fazem isso usando órgãos especiais chamados fossetas loreais na cabeça, que lhes permitem detectar luz infravermelha a até um metro de distância. É por causa dessa habilidade que a cobra de Voldemort, Nagini, pode ver Harry e Hermione enquanto eles estão sob a capa da invisibilidade. Isso indica que a capa da invisibilidade de Potter é apenas transparente a certas frequências de luz e possivelmente apenas luz visível. Seria possível fazer um objeto invisível ao olho humano?

Ah, aquele velho truque!

Para algo ser realmente invisível a olho nu, deve deixar a luz passar direto, para que os átomos do objeto não perturbem visivelmente as ondas de luz enquanto elas passam. É por isso que substâncias como água, vidro, plástico e ar parecem transparentes. Entretanto, nós ainda podemos vê-las. Como é possível?

Além de sujeira ou manchas na superfície de materiais transparentes, podemos vê-los pela forma que a luz é afetada quando passa através deles. Por exemplo, quando passa de uma substância transparente para outra (por exemplo do ar para o vidro ou do vidro para a água), qualquer luz que não tenha sido refletida ou absorvida pode mudar de direção, dependendo do ângulo em que se aproxima da fronteira entre as duas substâncias. Essa forma em particular de curvar a luz é chamada de refração.

A refração acontece quando as substâncias não têm o mesmo índice de refração. O índice de refração oferece uma indicação de quanto a velocidade e direção da luz podem ter efeito enquanto viajam através de materiais transparentes. Quando a luz viaja através de um vidro no ar, seu caminho é perturbado porque ar e vidro têm índices de refração diferentes. Junto com reflexo e absorção de luz, esta refração afeta o caminho original da luz, revelando a presença do vidro.

Mas alguns materiais têm aproximadamente o mesmo índice de refração, por exemplo, o óleo de cozinha e o Pyrex. Isso significa que a luz não é refratada conforme viaja de um para outro, fazendo parecer que a luz viajou direto através do óleo e do vidro sem perturbações. Esta é a base do truque "mágico" da ciência que faz com que o vidro Pyrex aparentemente desapareça quando é colocado em um pote cheio de óleo de cozinha. Em essência, é o óleo que fornece a cobertura.

Esse truque só funciona porque o vidro Pyrex já é transparente e nítido, mas para fazer um objeto opaco ou colorido se tornar invisível exigiria uma técnica diferente.

Metamateriais

Os cientistas têm examinado tecnologias que podem direcionar a luz ao redor de objetos, em vez de tentar de alguma forma fazer o objeto ficar transparente na luz. Em 2006, o físico John Pendry teve uma ideia que subsequentemente foi chamada de "capa da invisibilidade". A tecnologia por trás disso manipula a luz através do uso de metamateriais.

Metamateriais são materiais especialmente construídos que exibem propriedades que estão além daqueles encontrados naturalmente. Por exemplo, eles podem ter refração negativa, algo que não é encontrado na natureza. Os primeiros metamateriais só funcionavam para radiação de comprimento de onda mais longo como micro-ondas e ondas de rádio, mas os pesquisadores têm trabalhado para estender esta variedade. Para se ter uma ideià, micro-ondas têm comprimento de onda entre 30 centímetros e 1 milímetro, enquanto as ondas de luz visível têm entre 400 e 700 nanômetros. Um nanômetro é um milhão de vezes menor que um milímetro.

Em 2012, pesquisadores da Universidade do Texas em Austin esconderam com sucesso um tubo de 18 centímetros de certas ondas de comprimento de micro-ondas. A cobertura deles funciona ao suprimir a forma com que a luz é espalhada (refletida em múltiplas direções) por um objeto. Se a luz não é extremamente espalhada pelo objeto, então nós não podemos detectar o efeito do objeto na luz, efetivamente tornando-o invisível àquelas ondas de comprimento de luz.

No ano seguinte, os mesmos pesquisadores usaram metatelas ultrafinas para produzir o que eles chamaram de manto, porque ele tem a vantagem de ser extremamente fino (menos de 1 milímetro de espessura) e flexível. O coautor do estudo, Andrea Alu, descreveu-o assim: "Quando os campos espalhados do manto e do objeto colidem, eles se anulam, e o efeito geral é transparência e invisibilidade em todos os ângulos de observação". Então, isso poderia ser usado para esconder objetos de ondas de comprimento visíveis?

Para tornar objetos invisíveis aos nossos olhos e não apenas as ondas de comprimento mais longas, nós teríamos que diminuir a escala de todo o resto, incluindo o tamanho do objeto sendo escondido. Isso porque o objeto tem que ser menor ou comparável em tamanho ao comprimento de onda da luz usada para vê-lo. Se o objeto for muito maior, a capa não vai funcionar. Então, em vez de um cilindro de 18 centímetros de comprimento, o objeto poderia ter apenas cerca de 1 micrômetro de comprimento, ou seja, mil vezes menor que um milímetro.

De fato, há limites fundamentais para o tamanho dos objetos e comprimentos de onda que podem ser usados em capas de metamaterial, embora diferentes tipos de metamateriais, como metamateriais ativos, podem nos oferecer possibilidades mais promissoras para o futuro.

Capas da invisibilidade

Camuflagem adaptável é um longo caminho da tecnologia que pode ser vestida, mas está se mostrando promissora com objetos maiores como veículos. O trabalho sendo feito está lentamente levando a melhores técnicas para esconder objetos. A Bae Systems já demonstrou um sistema de disfarce infravermelho de tanques.

Embora talvez nunca encontremos uma maneira de fazer objetos opacos invisíveis à luz visível, é possível curvar a luz em torno de um objeto de maneira que crie um efeito similar. Essas capas da invisibilidade existem e são possíveis usando metamateriais. Entretanto, há limitações com o tamanho máximo do objeto que pode ser escondido de frequências visíveis.

No momento, ainda não conseguimos criar uma capa da invisibilidade para jogar sobre seus ombros, mas há definitivamente uma possibilidade em certos comprimentos de onda e para objetos de tamanho limitado.